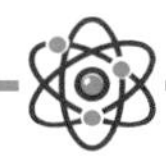

由化學建構的世界

煉金術、工業革命到基因工程 文明演化的每一步都是化學！

齋藤 勝裕／著　許郁文／譯

前言

人類自遠古開始，就在眺望著星星的同時思考永恆，在欣賞花朵的時候思考生命，而「永恆」或是「生命」都可解釋成「物質究極的構造與性質」。

古代人透過五行說（火、水、木、金、土）解釋大自然的變遷，或是透過原子論說明大自然的構造。說是「透過原子論說明」，會讓人誤以為古時候的人們已經知道現代人口中的「原子」，但實則不然。因為這些充其量只是虛幻的觀念，並非透過實際觀察或是實驗加以佐證的結論。

而後歷經中世紀的煉金術時代、大航海時代、工業革命時代的務實經驗，「牛頓力學」應運而生，近代化學也像是與牛頓力學呼應般，在二十世紀初誕生，不過當時的人們也隨即發現近代化學的極限。因為在進入二十世紀後不久，提出了相對論與量子理論，物理與化學的世界迎來波瀾萬丈的時代。

相對論是研究擴張、高速的極大理論，而量子理論是研究渺小、真空的極小理論。化學在採用量子理論之後，確立了所謂「量子化學」的化學新領域。量子化學揉合物質與量子理論，被應用於分子軌域理論的量子化學計算。因此在說明現代化學之際，要是企圖跳過量子理論的話，無疑是有勇無謀之舉。

另一方面，以生命為研究對象的生物化學在進入二十世紀之後，揭開了核酸（DNA、RNA）的構造，也解開了核酸的立體構造在遺傳扮演的角色。後續的研究進展亦出現了驚人的突破，尤其基因工程更是威脅到物種的延續。

或許，化學已經進入十分危險的領域。這是因為在二十世紀初期，在相對論加持之下的物理，彷彿「無所不能」般急速發展，撬開原子核大門之後，也跟著發明出原子彈。不禁讓人心想，現代化學或許也將面臨相同的狀況。

對於有心學習化學的人來說，化學史是前人留下來的寶貴遺產。研究過去的化學，學習那些引導化學前進的偉人們所經歷的成功與失敗，可讓日後那些肩負化學未來的研究者在各種研究過程中，找到解決問題的重要線索。

此外，就算與化學無關，在1件事上面傾注全部心神的姿態，應該能打動許多讀者的內心，激發各位讀者傾注全身心的專注與努力在自己的領域上。

如果本書能讓各位讀者思考化學的發展過程，遙想與守望現代化學接下來該前進的方向，那真是筆者無上的喜悅。

2022年1月　齋藤勝裕

CONTENTS

第3章 煉金術讓化學成長

第4章 大航海時代、工業革命的化學

第5章 法則與定律百花齊放的化學時代

第6章 吸納量子理論的新化學

第7章 戰爭或和平，實驗化學的時代

第8章 基因體開創的生物化學

序章

化學的歷史
就是「人類的歷史」

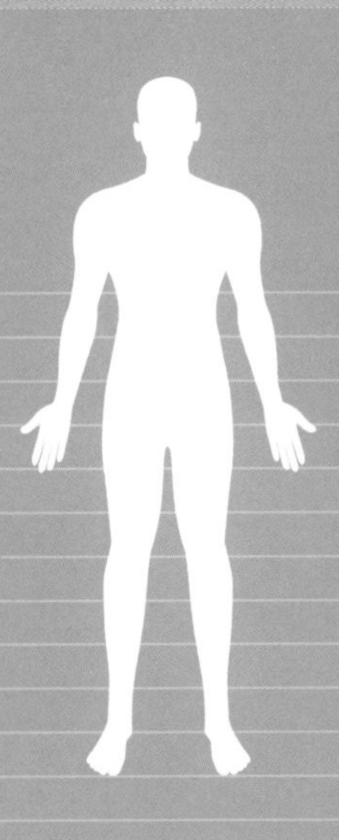

化學的範疇就是這世上所有的「物質」

●化學操作所有的「物質」

在此先提出1個問題，「化學是什麼？」

除了化學之外，在科學（Science）之中還有各種領域，舉凡數學、物理學、生物學、天文學、地質學。雖然同為科學，但化學與其他科學的相異之處在於「**化學操作的課題是物質**」。

數學處理的都是理論。物理學則是處理物體的運動，在實際的研究過程之中，會將物質「抽象化」。天文學觀察的是「天體」，但不可能真的將星星放在手上把玩。

生物學、地質學雖然也是關乎物質的科學，但化學並非直接處理生物或礦物，**而是將所有的物質還原為「原子、分子」再加以研究**，這正是差別所在。

人類從誕生的那一刻起，就離不開「進食」這件事。一出生就以母乳哺育，數個月大後開始吃大自然中的食物。**食物當然是物質**，所以也是化學的研究對象。

食品到底有哪些種類？又是以什麼製作的呢？要讓食品更加美味又該怎麼做？老實說，「古代的化學」（第1章）就是基於上述的疑問與人們的要求而發展而成。

●不能吃的東西也會「加熱」處理

人類在吃植物的葉子或是果實時，不需另外處理就能直接吃，但是根部或是莖部比較硬，所以很難直接食用。當人類遇見森林火災之後，便知道**植物可以「加熱」之後再吃**。

那麼肉類又該怎麼吃呢？肉雖然好吃，但放置一段時間就會腐敗，變成對人類有害的物質，但是只要「加熱」，就能延緩腐敗的速度，也比較方便貯存。

人類就是透過上述的過程學會烹調技巧。烹調的基本就是「加熱」。不只食品，所有的物質都會在加熱之後產生變化。直到現在，加熱都依然是化學實驗的基本技術。

●借助微生物之力的「發酵」技術

除了加熱之外，人類還發現另一種避免珍貴的食物腐敗以及變得更好吃的方法。那就是「**發酵**」。發酵就是存在於大自然之中，但肉眼看不見的微生物附著在食品表面，以及分解食品的過程。

比方說，當葡萄等的果實發酵，就會產生氣體以及芳醇的酒精，人類也因此學會釀「酒」的技術，甚至學會製作膨鬆、柔軟「麵包」的技術。讓牛奶發酵就能做出優格、起司與奶油，讓肉類或魚類發酵，可以做出火腿、魚乾與醃漬物。

人類的食品菜色也因此越來越豐富，飲食也變得越來越有趣。

照上述來看，「飲食的歷史」與化學可說是息息相關。

●朝人類襲來的糧食危機

當人類因加熱與發酵而沉浸在飲食之樂時，但還是得時時面對「糧食危機」。

這是因為「糧食」並非多到吃不完。只要氣候不對，或是當火山爆發的煙塵遮住了陽光，植物無法生長，無從進食的動物當然也不會肥美，人類的糧食也就跟著不足。

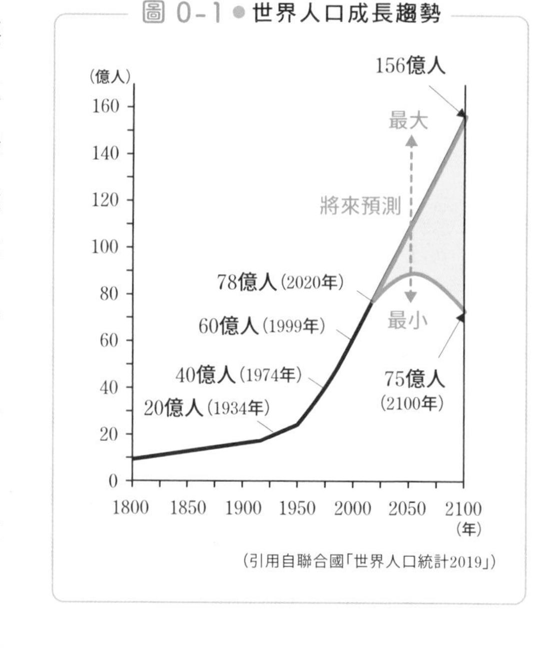

使這個狀況加劇的是人口爆發，雖然人口增加是好事，但與糧食缺乏息息相關。

全世界的人口在工業革命（十八世紀中葉到十九世紀）之際不過5億人；但是到了1900年之後，暴增至18億人；到了2000年之後，更是突破了60億人大關；而2020年則是78億人。預計在30年後的2050年成長至最高峰的156億人。

在那之前，到底會有多少人因為各種理由挨餓或是喪命呢？

●從空氣製作麵包的大革命

在全世界人口已達80億人的現在，這麼多人口**多虧了化學之力才能有足夠的糧食**。因為就如同標題所敘述的，化學可以「從空氣製作麵包」。

箇中詳情會在後續的章節（第7章）說明，但在二十世紀初期，哈伯（Fritz Haber）與博施（Carl Bosch）這2位德國化學家開發了以電力分解水，從中得到氫氣H_2，再讓這些氫氣直接與空氣之中的氮N_2反應，藉此創造氨NH_3的技術。

植物要成長需要氮N、磷P與鉀K這「3大肥料」，其中的氮氣是讓植物茁壯的肥料，所以特別重要。

但令人有點意外的是，大部分的植物都無法直接使用充斥在空氣之中的氮氣（約占空氣的78%）。氮氣必須轉換成硝酸HNO_3，植物才能吸收。

如果是氨的話，就能快速轉換成硝酸。而當這些硝酸再次與氨產生反應，就會產生硝酸銨；若是與鉀產生反應，就會產生硝酸鉀，兩者都是非常優異的氮肥，所以這項發明才會被譽為「**化學用空氣製作出麵包**」。

●從大自然發現「醫療效果」

人類的痛苦不只有「飢餓」，疾病、受傷都不斷地困擾著人類：因為細菌入侵身體而發高燒的病苦、因為狩獵或意外而受傷的痛楚。而遠古時期的人類，只能一直靜靜地躲在幽暗的洞窟之中忍耐。

過了很久之後，人類總算從某些藥草、礦物或是動物的分泌物發現**具有醫療效果的物質**。這些物質的種類與效果一開始是透過口耳相傳的方式傳承後世，並在經過漫長的時間之後終於系統化，以文字的方式記載與保存。

西元前2740年左右，中國出現1位傳說中的上古帝王「**神農氏**」。這位神農氏在親自嘗試各種植物的藥效之後，將這些藥效整理成名為《**神農本草經**》的著作，現代則普遍將這本著作視為中藥的原點。從另外一個角度來看，這本著作可說是最古老的化學書籍或是藥理學教科書。

在古埃及方面，在西元前1550年左右製成的莎草紙上面，就記載了約700種的醫藥用品。一般認為，埃及因為宗教的理由而有製作木乃伊的風俗習慣，所以預防腐敗的化學手段也非常發達。

古希臘則出現了被現代奉為醫學之祖的「**希波克拉底**」（西元前460左右～370年左右）。希波克拉底除了研究數百種藥草之外，還用心鑽研各種醫療技術，以及秉持著仁心仁術行醫。

進入中世紀之後，藥品與醫療技術從羅馬傳入阿拉伯，與煉金術結合之後，進化為當時最先進的醫療知識與技術。

近代之後，歐洲開發出從天然的藥物萃取具有藥效的成分，或是透過化學合成出藥效成分的技術，也就是**合成藥物**的構想。

●發現抗生素

「發現抗生素」對醫藥品的歷史有巨大的影響。所謂的**抗生素**就是「**由微生物分泌，且會妨礙其他微生物生存的物質**」。與其說抗生素是人類製造的物質，更像是生物產出的物質，所以應該算是純天然的藥品才對。

第1位發現抗生素的是英國化學家弗萊明（Alexander Fleming，西元1881～1955年）。事情發生在1928年，他在研究微生物時，不小心讓青黴掉進培養皿裡面。隔天觀察培養皿的時候，觀察到只有青黴附近的細菌被溶化，便從中發現了「青黴的效果」——抗生素擁有溶化微生物細胞壁的效果。

這項物質在經過提煉之後，便成為**盤尼西林**這種藥物。曾有個都市傳說：「在第二次世界大戰尾聲，盤尼西林拯救了因肺炎而病入膏肓的英國首相邱吉爾一命。」讓盤尼西林的名聲傳遍大街小巷，也引爆了尋找抗生素的熱潮。

之後便陸續發現鏈黴素、康黴素這類效果優異的抗生素。直到現代，仍有不少研究學者在尋找新的抗生素，例如2015年，大村智博士（西元1935年～）就因為發現了抗寄生蟲抗生素的伊維菌素（Ivermectin，也稱為愛獲滅）而獲頒諾貝爾生理與醫學獎。

●疫苗是預防疾病的藥物

對抗受傷的最好方法就是「不要受傷」，而對抗疾病的最佳策略則是「不要生病」，基於前述目的所開發出的藥物就是**疫苗**。

疫苗是英國醫師詹納（Edward Jenner，西元1749～1823年）於1796年發明的。在當時，傳染病**天花**在英國以及全世界大流行，是非常危險的疾病，一旦罹患，致死率非常高。而且就算治好了，臉上也會留下猶如蟹足腫的疤痕。

詹納注意到，比起英國的都市地區，鄉下有疤痕的女性比較少。聽說是因為鄉下擠牛奶的女性較多，而這些女性都曾罹患牛痘，而曾經得過牛痘的人，就不會罹患天花了。

聽聞此事的詹納便在家中男童僕身上接種牛痘膿皰液，發現的確有預防天花的效果，也因此發現了疫苗的存在。

疫苗與一般的藥品不同，不會攻擊造成疾病的病原菌。人類的身體有套防止外部異物入侵的防禦系統（免疫系統）。

疫苗則是啟動這套免疫系統的藥物，讓人體自己去攻擊病原菌。

進入2019年之後，又發明了「**mRNA疫苗**」（信使RNA）這種概念有別以往的疫苗。這不是利用病原菌製作的疫苗，而是利用來自其遺傳基因的核酸所製作而成的疫苗。

今後肯定會繼續開發利用DNA製作的疫苗，只需要服用或是貼在皮膚表面就能奏效，而且效果一定會變得更顯著、更好用。

●讓食衣住的「衣」添上色彩的化學

人類身上毛髮不多，用來代替毛髮的物品就是「衣服」了。最初的衣服是以毛皮製成，等到學會以植物的表皮或葉子編織衣服的技巧之後，又利用棉花或是羊毛紡線，最終學到如何以這些線來編織布料的技術。

取得以棉花、白色毛皮或是蠶絲織成的白布之後，人類便開始試著在這些材料上色或是畫圖。

顏料的種類有非常多種，利用紅土或是藍色的礦物替布料上色，有時還會用花朵的汁液。

但是，這些顏料都很容易因為摩擦而掉色，而且利用植物上色的話，只要一洗就會褪色，所以這些顏料都不適合當成衣服的著色劑使用。那些怎麼**洗都洗不掉的著色劑稱為「染料」**。

早期的染料都是天然的物質，但有些從花朵擠出的汁液沒辦法順利發色。例如日本引以為傲的**紅花**（紅色染料）就是其中之一。

剛摘下來的紅花是黃色的。泡在水裡之後，就能去除水溶性的黃色成分。將泡過的花瀝乾水分，再蓋上以秸稈編織而成的草蓆加以發酵，花色就會變成鮮豔的紅色。

近來頗受歡迎的草木染若是未經任何處理，也會在洗濯之後掉色。為了避免掉色，通常會將布料泡在明礬液裡面。明礬的鋁離子會讓染料固定在纖維上面（**媒染劑染色**）。

在製作奄美大島傳統織品大島紬的時候，會將布料泡在清洗液之中，清洗液是用名為車輪梅的植物枝葉熬煮出來的，再將布料泡在田裡，用腳踩踏。如此一來，田裡淤泥裡的鐵離子就會讓顏色固定在布料上（**泥染**）。

由此可知，這種利用天然物質染色的方法雖然很傳統，卻蘊藏著深奧的化學知識與技術。

改變氣候的毒物

近年來，一直有人呼籲重視「地球暖化」這個問題，因為地球一年比一年高溫。

現在地球的溫度比工業革命時高出1.1℃，如果再這樣下去，遲早有一天會高出2.5℃，屆時南極大陸、格陵蘭的冰河就會融化，海平面也會因為海水的熱膨脹而上升50公分，沿海的大都市將因此泡在海水之中。

一般認為，地球暖化的原因是溫室效應氣體，其中的二氧化碳 CO_2 是首要凶手。二氧化碳主要是由燃燒「煤炭、石油、天然氣」這類石化燃料所產生。

人類是從工業革命使用煤炭的時候，就開始使用石化燃料，所以地球表面的二氧化碳含量也是隨著工業革命而開始上升，不過，這兩件事之間的因果關係尚難斷言。

海洋也含有大量的二氧化碳。氣體的溶解度會隨著溫度上升而下降，所以當地球越來越溫暖，海洋裡面的二氧化碳就會被釋放。目前我們仍不知道到底是因為二氧化碳增加導致氣溫上升，還是因為氣溫上升才導致二氧化碳增加。這個問題可說是與「先有蛋還是先有雞」的問題大同小異。

如果進一步比較代表氣體溫室效應程度的「**全球暖化潛勢**（Global warming potential）」，就會發現二氧化碳雖然一直被視為造成溫室效應的元凶，但其實天然氣的主要成分甲烷（CH_4）的地球暖化效果是二氧化碳的20倍以上。

圖 0-2 ● 溫室效應氣體的「全球暖化潛勢」比較

溫室效應氣體		暖化潛勢
二氧化碳	CO_2	1
甲烷	CH_4	21
一氧化二氮	N_2O	310
三氟甲烷	HFC-23	11700
六氟乙烷	PFC-116	9200

現在全世界都採用減少二氧化碳排放量的方式因應。石油是由一連串的CH_2（乙烯）組成，而CH_2的分子量（相對重量）為14，經過燃燒之後，就會轉換成二氧化碳CO_2，分子量會增加至44。換言之，14公斤的石油在經過燃燒之後會產生44公斤的二氧化碳，這個重量是原本的3倍左右。

日本政府曾經宣佈在2050年之前，要達成碳中和（不再製造新的二氧化碳排放量）目標，而二氧化碳排放量最高的中國也宣佈在2060年達成碳中和這個目標。

能量這個話題也與化學的世界有關。節約能源對策當然也屬於化學的領域。看來此時此刻，化學還是會一直有出場表演的機會。

快速瀏覽！本書的登場人物年表

B.C.

- 蘇格拉底（西元前470左右～399年）
- 希波克拉底（西元前460左右～370年左右）
- 德謨克利特（西元前460～370年）
- 亞里斯多德（西元前384～322年）
- 秦始皇（西元前259～210年）

1～4C

- 卑彌呼（生年不詳～西元242/248年左右）
- 聖安東尼（西元251左右～356年）

13C

- 教宗若望二十二世（西元1244左右～1334年）

15C

- 教宗亞歷山大六世（西元1431～1503年）
- 哥倫布（西元1451～1506年）
- 巴斯可．達伽馬（西元1460／69左右～1524年）
- 法蘭西斯柯．皮薩羅（西元1470左右～1541年）
- 哥白尼（西元1473～1543年）

16C

- 第谷．布拉赫（西元1546～1610年）
- 伽利略．伽利萊（西元1564～1622年）
- 克卜勒（西元1571～1630年）
- 笛卡兒（西元1596～1650年）

17C

- 惠更斯（西元1629～1695年）
- 艾薩克．牛頓（西元1643～1727年）
- 薩克森選帝候奧古斯特二世（西元1670～1733年）
- 約翰．斐德烈．貝特格（西元1682～1719年）

18C

- 平賀源内（西元1728～1780年）
- 拉格朗日（西元1736～1813年）
- 詹姆斯．瓦特（西元1736～1819年）
- 拉瓦節（西元1743～1794年）
- 愛德華．詹納（西元1749～1823年）
- 約瑟夫．普魯斯特（西元1754～1826年）
- 華岡青洲（西元1760～1835年）
- 約翰．道耳頓（西元1766～1844年）
- 拿破崙（西元1769～1821年）
- 給呂薩克（西元1778～1850年）
- 詹姆士．馬許（西元1794～1846年）

19C

- 威廉．莫頓（西元1819～1868年）
- 路易．巴斯德（西元1822～1895年）
- 凱庫勒（西元1829～1896年）
- 德米特里．門得列夫（西元1834～1907年）
- 弗雷德里希．米歇爾（西元1844～1895年）
- 梅契．尼可夫（西元1845～1916年）
- 倫琴（西元1845～1923年）
- 貝克勒（西元1852～1908年）
- J．J．湯姆森（西元1856～1940年）
- 皮耶．居禮（西元1859～1906年）
- 長岡半太郎（西元1865～1950年）
- 瑪麗．居禮（西元1867～1934年）
- 弗里茨．哈伯（西元1868～1934年）
- 拉塞福（西元1871～1937年）
- 卡爾．博施（西元1874～1940年）
- 奧斯瓦爾德．埃弗里（西元1877～1955年）
- 愛因斯坦（西元1879～1955年）
- 亞歷山大．弗萊明（西元1881～1955年）
- 赫爾曼．施陶丁格（西元1881～1965年）
- 黑田Chika（西元1884～1968年）
- 尼爾斯．波耳（西元1885～1962年）
- 阿嘉莎．克莉絲蒂（西元1890～1976年）
- 德布羅意（西元1892～1987年）
- 華萊士．卡羅瑟斯（西元1896～1937年）
- 霍華德．弗洛里（西元1898～1968年）

20C

- 海森堡（西元1901～1976年）
- 萊納斯．鮑林（西元1901～1994年）
- 恩斯特．柴恩（西元1906～1979年）
- 約翰．巴丁（西元1908～1991年）
- 桃樂絲．霍奇金（西元1910～1994年）
- 弗朗西斯．克里克（西元1916～2004年）
- 莫里斯．威爾金斯（西元1916～2004年）
- 羅伯特．伍德沃得（西元1917～1979年）
- 阿爾伯特．艾申莫瑟（西元1925年～）
- 詹姆斯．華生（西元1928年～）
- 大村智（西元1935年～）
- 羅德．霍夫曼（西元1937年～）
- 利根川進（西元1939年～）
- 克萊格．凡特（西元1946年～）

第1章

為什麼古代化學僅止於抽象觀念呢？

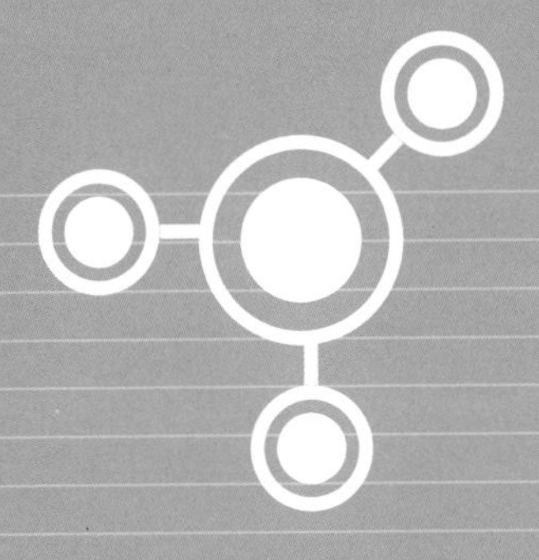

這世界曾被認為是以「四大元素」構成

——觀察與實驗的態度

化學是一門研究「物質」的學問，而**化學的歷史可說是人類本身的歷史**。

一開始先說明古代的人們是如何看待物質的，之後再爬梳化學的歷史。

古代的人們也曾經想過「物質到底是什麼？」這個問題。雖然當時的物質觀與現代的物質觀相差甚遠，卻意外地與現代最先進的物質觀有一些奇妙的相似之處。

不過，**古代物質觀的特徵是「抽象觀念」**，只停留在「思考」的階段，**還沒出現在科學之中非常重要的「觀察」與「實驗」**，這部分也與現代的物質觀非常不同。

●德謨克利特的原子論（古代原子論）

古希臘哲人**德謨克利特**曾提出相當有名的「**古代原子論**」。德謨克利特（Democritus，西元前460～370年左右）在繼承他的老師留基伯（Leucippus）的原子論之後，還讓原子論更臻完美。這種古代原子論提到「世界是因肉眼看不見，且無法再行分割的原子

（Atomos）在虛空（Kenon）運動才形成。」

這種原子論的重點在於已經提到**組成「物質」的原子與相當於「真空」的虛空**。若要問為什麼這部分是重點，在於這種概念與現代的物質觀吻合。

此外，在古代原子論之中，感覺與意識不過是原子排列之後的結果，並未真實存在，其中的意思是「連靈魂都是由原子所組成」。

萬物皆由「原子支配的法則」可說是唯物論的原子論，而這種原子論與道德論結合的唯心論是涇渭分明的，也可視為後世西洋科學思想的基本概念。

●四元素論的「土、水、空氣（風）、火」

認為組成這個世界的物質是由4種元素組成的概念稱為「**四元素論**」。不管是東方還是西方都支持這種概念，連後世的煉金術也吸納了此概念，東洋特有的倫理觀與道德觀也都摻雜了這種概念。

所謂的四元素是指「土、水、空氣（風）、火」，一般認為，這4個元素與物質的外觀或狀態對應。

比方說，「土」與「水」是肉眼可見的元素，但這2種元素的內部還有看不見的「空氣」與「火」這2種元素。

在這4個元素之中，有被稱為「**柏拉圖之輪**」的循環，在這個循環之中，「火」會凝結成「空氣」，「空氣」會液化為「水」，「水」會固化為「土」，「土」會昇華為「火」。

「土、水、空氣這3種元素可組成物質」這種概念與現代化學的見解相似。現代人所知的固體、液體、氣體都屬於這「3種元素」。

圖 1-1-1 ● 四元素論（左）與四元素的金字塔（右）

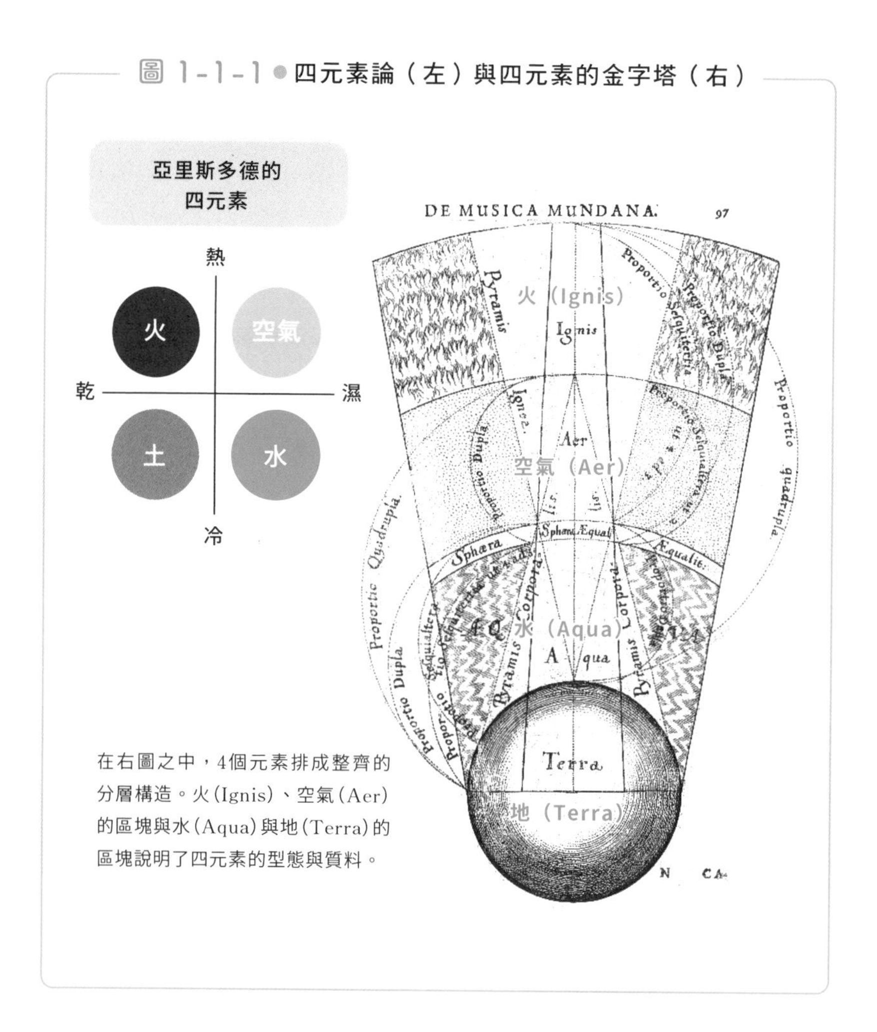

在右圖之中，4個元素排成整齊的分層構造。火(Ignis)、空氣(Aer)的區塊與水(Aqua)與地(Terra)的區塊說明了四元素的型態與質料。

不過，火到底是什麼？其實近代的西洋科學也曾以「**燃素**（Phlogiston）」指稱與火相當的元素。

如果將這個詞翻譯成現代化學的用語，應該就是「火＝能量」的意思。能量組成物質，雖然這句話聽起來有點奇怪，但其實這就是以下所蘊藏的意思。

愛因斯坦的公式　$E=mc^2$

在這個公式之中，E為能量、c為光速、m為質量，也就是物質，所以這個公式的意思是**「能量與物質可以轉換」，甚至可解釋成「能量就是物質」**。

除此之外，最先進的基本粒子論、宇宙論指出，在組成宇宙的物質之中，能摸得到以及能觀察得到的物質僅有5%，有25%是暗物質，有70%是暗能量。

數量多於一般「物質」5倍的暗物質是無法觀察的物質，而數量遠多於暗物質的暗能量也無法觀測。一般認為，暗能量就是讓宇宙加速膨脹的能量。

如此說來，組成宇宙的絕大部分物質似乎就是古代人口中的「火」。

當然古代人不太可能預料到這些事，但兩者似乎真有共通之處。

為了遠離死亡與痛苦而逃向迷信，最終邁向科學

── 藥學與迷離狀態

「人總有一死」是人類的宿命。致死的原因通常是疾病或是受傷，而許多人為了逃離受傷與疾病造成的痛苦，紛紛轉而尋求藥物的協助。

●傳說的神農發現了藥草

擁有四千年歷史的中國也擁有出類拔萃的藥學歷史。在西元前2740年左右，有位名為**神農氏**（三皇五帝之一）的人，不過他是傳說中的人物，至今仍不知道是否為實際存在的人。

發現藥草的神農氏

據說神農氏能在舔舐植物之後，知道該植物的藥效，所以在傳說之中，他曾親嚐百草，從中找到各種藥草。

不過，這也讓他的身體累積了各種植物的毒素，最終也因此喪命。話說回來，從享嵩壽120歲這點來看，神農應該只是傳說中的人物，不曾實際存在才對。

普遍相傳《**神農本草經**》是根據神農氏傳授所寫成的書籍。這本《神農本草經》在歷經多次的抄寫之後，成為流傳後世的中醫用藥方針。

令人玩味的是，《神農本草經》之中也有**大麻**的相關記述：「大麻沒有毒性，可作為養生藥材長期服用」，而且也提到了大麻有麻醉、入迷與幻覺的相關作用。

●塗在木乃伊身上的殺菌劑與防腐劑

若提到埃及，聞名之物就是**木乃伊**了。據說古埃及人是從古王國時代（西元前2500年左右）開始製作木仍伊，但最近的研究也指出，木乃伊的歷史可回溯至西元前3500年左右。

當時的埃及人認為，亡故的人必須有「肉體」才能在下輩子復活，因此在人過世後的肉身會加工做成木乃伊好留下「肉體」。

一般來說，人類大體若能急遽乾燥（水分降至人體組織重量的50%以下），只要比腐敗的速度還要快，細菌的活動力就會變差，有可能自然而然地木乃伊化。不過，埃及人是刻意將人類的大體加工製作成木乃伊，而製作的方法如下。

①去除大腦：一般認為是利用「攪拌」的方式讓大腦液化，再取出大腦。

②去除內臟。

③將屍體鹽醃，加以乾燥。

④屍體塗抹防腐劑加以殺菌，再密封處理。

⑤用布包裹屍體。

以上就是製作木乃伊的流程，而在分析西元前3500年之前的木乃伊之後，得知當時用來製作木乃伊的防腐劑具有下列成分

- 植物油：應該是麻油
- 從植物根部萃取的香脂（Balsam，樹脂的一種）
- 植物性的漿糊：從金合歡樹屬萃取的糖
- 針葉樹的樹脂：應該是松香

這些樹脂與油脂混合之後會具有殺菌效果，所以能避免遺體腐敗。直到近代，木乃伊都被當成燃料或是藥品向全世界出口，而且事實上日本也曾是大手筆購買木乃伊的國家之一，這還真是讓人意外。

這或許是因為用於製作木乃伊的防腐劑具有某種藥效，才會被當成藥品使用吧。

除了木乃伊的製作技術之外，古埃及在醫學與藥學還有不凡的成就，例如被認為是在西元前1550年左右寫成的莎草紙就記錄了700種多種藥品。

●巫女的迷離狀態來自興奮劑

在當時的落後地區出現了許多醫學與藥學，但它們都被冠以巫術之名，與占卜師或**薩滿**這類人物密不可分。

薩滿就是能預測未來的人（或是被認為「擁有」這類能力的人）。

在日本，薩滿被稱為**巫女**或是咒術者。若是回溯歷史，邪馬台國的女王卑彌呼可說是巫女或咒術者的原型。據說卑彌呼是透過鬼道這種手法占卜未來。此外，青森恐山的「潮來」也是薩滿的一種。

許多薩滿都是在「**迷離狀態**（Trance）」這種特殊的精神狀態之下得到預知能力，而這些**薩滿通常都是透過興奮劑、乙醇或各種植物生物鹼進入這種「迷離狀態」**。

●從迷信邁入科學——希臘的希波克拉底

若要介紹古希臘的醫學與藥學，就絕對不能不提到被尊為現代醫學之父的**希波克拉底**。希波克拉底是於西元前460左右～370年左右的古希臘醫師。

希波克拉底最重要的成就是讓醫學擺脫原始的迷信或咒術，讓醫學發展為重視臨床治療與觀察的經驗科學。

他也非常重視醫師的倫理性與客觀性，並將這些內容整理為以「誓詞」為標題的文集，流傳至現代為「希波克拉底誓詞」。

「人生苦短，學術無窮」的名言也於現代廣為流傳。

提倡「疾病由4種體液混合變質所生」的「四體液論」，以及認為周遭環境（自然環境與政治環境）會對健康造成影響的希波克拉底真不愧是足以被譽為「醫學之父」的人物啊！

藉由化學反應提煉「金屬」

—— 青銅的精煉

世界史是以人類製作道具的素材區分成石器時代、青銅器時代與鐵器時代，所以現代也算是鐵器時代。石器時代主要是將撿來的石頭綁在棍棒上面當成道具，或者是直接利用更加堅硬的石頭將石頭打磨成武器。

不過，金屬並非如此。各種金屬（元素）之中，在大自然以金屬狀態存在的除了黃金Au、鉑Pt（白金）這類貴金屬，還有水銀Hg以及少量的銅Cu（自然銅、天然銅）。

除此之外的金屬在大自然中則都是以氧化物或是硫化物的型態存在，只要透過一些**化學反應（氧化還原反應），就能從中提煉金屬**。這類反應通常稱為「**精煉**」。

●冶煉金屬得透過「氧化還元反應」

一般認為，人類是在西元前3000年左右發明青銅這種金屬。一般來說，**金屬元素都是活性較高的元素**，所以地球上的許多金屬元素都會與氧氣O、硫黃S或是氯Cl結合，**以氧化物（生鏽）、硫化物、氯化物的型態存在**。

要從金屬氧化物這類礦石提煉純粹的金屬，就必須從氧化物去除氧氣，而這種過程在化學中稱為「**氧化還原反應**」，如果沒有還原劑就無法產生氧化還原反應。

在歷史中**最常見的還原劑是「木炭」**。木炭與氧氣產生反應之後，會產生一氧化碳CO或是二氧化碳CO_2（碳酸氣體），具有從氧化物搶走氧氣的性質。要等到工業革命的時代，煤炭才開始被當成化石燃料使用，但在此之前，木炭曾有好長一段時間被人類當成還原劑使用。

圖 1-3-1 ● 將木炭當成還原劑使用

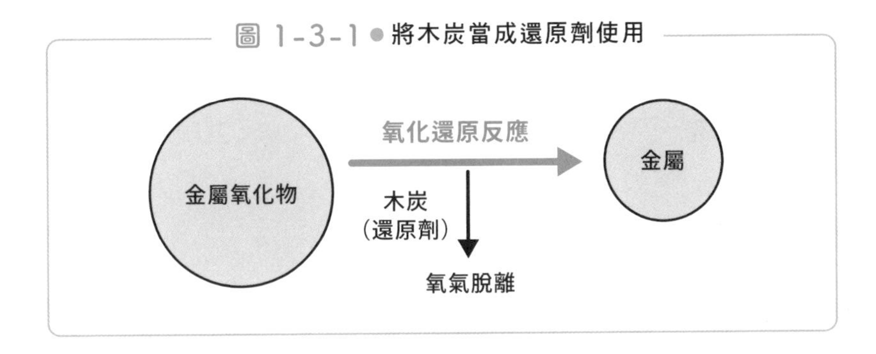

不管是木炭還是煤炭，都是碳C的集合體，所以若是與二氧化錫SnO_2一起加熱，碳就會與二氧化錫的氧氣結合成二氧化碳CO_2，而失去二氧氣的氧化錫就會變成純粹的錫Sn。

$$SnO_2 + C \rightarrow Sn + CO_2$$

●為何中國很晚才從青銅時代進入鐵器時代呢？

青銅是銅Cu與錫Sn的合金。銅的融點雖然高達1083℃，但錫的融點只有232℃，在各種金屬之中，算是非常低的金屬之一。

銅可透過開採的方式取得（雖然數量不多），但是錫無法直接從大自然開採。所以要得到錫，就必須利用木炭還原二氧化錫（錫石）SnO_2。

基本上，要製造合金就得讓金屬融化與混合，而青銅這種合金則是讓固態的銅與錫一起加熱，引起凝固點下降（凝固點的溫度下降）的現象，使得銅能在875℃融化。如果是900℃以下的溫度，還勉強可以透過燒木炭的方式達到，所以有可能做出青銅。

不過，古代中國似乎沒有使用錫，直接以銅、錫石與木炭就做出青銅。雖然錫石的融點高達1630℃，但古代中國似乎能夠只加熱到1200～1300℃就產生氧化還原反應，看來其中還有一些中國不外傳的技術吧。

回顧歷史，常常可以發現各種不可思議的現象，其中之一就是明明中國在當時是技術領先的大國，卻比歐洲晚了1000年（西元前五世紀左右）才開始使用**鐵器**。

之所以會如此，應該是因為**中國將青銅技術發展到極致，導致鐵器的需求性不高所導致。**

青銅的顏色不一定都是巧克力色，有的看起來像是金色。比方說，佛壇的鐘雖然是金色的，但當然不可能是真的「黃金」。若問有什麼合金會是金色的，那就是黃銅，也就是銅與鋅的合金，但其實佛壇的鐘並不是黃銅，而是被稱為「砂張」的青銅。

青銅的顏色可根據銅與錫的比例從白色變成黑色之外，材質也比較軟，可在鑄造完成之後，削掉多餘的毛邊，也就能打造出非常漂亮的佛像。

如果改用鐵鑄造，就無法削掉毛邊，而且只能看到冷硬得像是鐵鍋一般的底色。

順帶一提，中國將青銅稱為良金，並將鐵稱為惡金。

從西臺到日本的踏鞴製鐵

—— 鐵的冶煉

一般認為，在西元前1500年左右，住在土耳其安納托利亞半島的**西臺人**發現鐵。不過，在年代更久遠的遺跡之中，似乎也發現了鐵製品的痕跡，而且分析該鐵製品的成分後，發現這並非是地球上的鐵，而是隕石（隕鐵）。

鐵的融點為1538℃，而遠古時期的人們應該無法創造超過1500℃的高溫，所以這些鐵製品應該是以敲打的方式（鍛鐵）製作，而不是透過鑄模的方式（鑄造），也就是將融化的鐵倒入模型的方法製作而成。

接著讓我們一起看看，每個時代是如何用不同方法製作出鐵製品的吧。

●西臺人的製鐵方法

鐵是遠比青銅還要更硬、銳利的金屬，所以開發製鐵技術的西臺人也以鐵為武器，壓制了周遭各國，在頃刻之間建造出了無比強盛的大帝國。

他們首先消滅了青銅器文化發祥地的巴比倫尼亞，也與當時最強大的埃及展開勢均力敵的戰爭，最後簽訂和解條約。

奇怪的是，所向無敵的西臺帝國居然在西元前1200年左右突然滅亡。

既然是1個國家的滅亡，原因就可能有很多種。最有力的說法就是環境遭到破壞。換言之，要從鐵礦石（Fe_2O_3）提煉鐵（Fe）就需要木炭，而要製造木炭就必須砍伐森林。因此普遍的說法是，西臺人之所以會滅亡，都是因為過度採伐森林所引起的旱災所致。

$$2Fe_2O_3+3C \rightarrow 4Fe+3CO_2$$

不過最近又有「不需要高溫也能做出鐵製品」的說法出現。這種製鐵方法竟然只是在鐵礦石上面堆疊木材，燃燒篝火而已。

話說回來，篝火的溫度最高只有400℃左右，不可能讓融點高達1538℃的鐵融化。

可是就算只有這種程度的溫度，透過篝火燒成的木炭依舊可讓鐵產生氧化還原反應。

因此，可製作出表面如同海綿般坑坑洞洞的劣質鐵。

再利用石頭敲打雜質較多的部分，似乎就能得到「堪用」的鐵，而這個步驟近似於日本刀匠進行的玉鋼「鍛造」。

或許鐵早在西臺帝國之前就已經出現了，只是鐵很容易生鏽與朽壞，所以被埋在歷史的深淵之中而長久不見天日。

一如古希臘俗諺「能長久留存的是詞，其次是石雕，而金屬的雕刻品很快就會朽壞」。《荷馬史詩》或《奧德賽》之所以能流傳至今，都是歸功於透過詞傳誦。

●日本傳統製鐵法「踏鞴」

日本現行的製鐵方法是瑞典法，這種方法會透過兩段式反應從鐵礦石（Fe_2O_3）提煉鋼鐵（Fe）。

$2Fe_2O_3 + 3C \rightarrow 3CO_2 + 4Fe$（摻雜碳的鐵）　①

Fe（摻雜碳的鐵）$+ O_2 \rightarrow$ Fe（摻雜少量碳的鐵）$+ CO_2$　②

在階段①會用熔爐製作含碳的脆鐵（銑鐵、鑄鐵），在階段②就等同將銑鐵排除碳、煉成鋼，此時則是使用江戶與明治時代的反射爐，而反射爐也就是現代的轉爐。

話說回來，日本傳統製鐵法可在階段①的時候就先煉出玉鋼。這種製鐵的方法使用了優質的鐵砂和踏鞴（風箱），所以又被人們稱為**吹踏鞴法**。

以吹踏鞴法製鐵時，踩踏風箱的模樣

由於吹踏鞴法的還原劑也是木炭，所以需要大量的木材。當時是從島根縣的出雲地區採得優質的砂鐵。

因此，製鐵興盛的島根縣與西臺帝國一樣，山地都因為過度採伐而失去貯水能力，也因此不時發生土石流和沙石崩塌。

而這就是「出雲八岐大蛇傳說」的真面目。在傳說中，降伏八岐大蛇的是「須佐之男」，而從八岐大蛇尾巴掉出來的是「**草薙劍**（天叢雲劍）」這把鐵劍。

這個**八岐大蛇**的神話很有可能是在描述在很久很久以前，曾經因為製鐵而造成公害的情況。

中國也有類似的公害出現。秦始皇（西元前259～210年）陵墓所在地原本是片非常「富饒的綠地」，但為了燒製陪葬品的兵馬俑而耗盡土地的豐饒，導致綠地變成「砂漠」。

值得慶幸的是，日本的出雲地區屬於濕潤的亞熱帶氣候，所以有機會讓黃土再次變回綠地。

順帶一提，草薙劍是鐵劍而非青銅劍的證據在哪裡呢？答案就是下面這2點——

「青銅劍不夠利，沒辦法除草」

「天之群雲就是指劍刃上面呈現的紋路，這也是鐵劍鍛造才有的

秦始皇墳墓之中的兵馬俑（引用自Bencmq）

特徵」

話說回來，草薙劍（供奉於熱田神宮的御神體）被收在3層木箱之中，據傳箱子與箱子之間還填滿了紅土。或許大家會覺得「為什麼是紅土？」其實這也是前人的智慧。

紅土的紅色是來自鐵的顏色，而鐵會與氧氣產生反應。換言之，紅土可阻絕草薙劍接觸外部的氧氣。有機會的話，真希望能一睹草薙劍的風采。

科學之窗

化學常識也充滿了「問號」？

人類的歷史到底是從何時開始的呢？關於這點，目前仍然眾說紛紜，但「人類與猴子分家」到底是什麼時候發生的呢？

一般認為，應該是發生在800萬年～500萬年前的非洲。在那之後，現生人類經過不斷地進化，學會了直立行走，慢慢地演變成原人、早期智人、尼安德塔人，這套理論也已成為目前的常識。

不過，這種非洲單一起源論充滿了問號，因為「世界各地都有人類誕生」（多地區進化說）。最近在以色列找到了比非洲出土的現生人類化石還早20萬年的現生人類化石。假設這項發現是正確的，那麼絕對是足以顛覆非洲單一起源論的證據。

此外，「這種人類創建了四大文明」的常識也充滿了問號。這是因為這四大文明的起源尚不明朗，而這種說法也只適用於日本或中國。

由此可知，歷史就是如此難解，現今所謂的「常識」往往毫無根據，有的甚至是赤裸裸的錯誤。

化學的歷史也是同理可證。如果以上述的觀點閱讀本書，或許能從化學的歷史找到另一番趣味。

第2章

隱藏在魔女獵殺之下的中世紀化學

繼承古代化學的阿拉伯人

——酒精與鹼

於希臘綻放的古代科學因羅馬帝國而傳遍歐洲全土，但是當羅馬帝國分裂（西元395年），甚至待西羅馬帝國滅亡（西元476年）之後，羅馬帝國的勢力就急速衰退。

之後，東羅馬帝國（拜占庭帝國）雖然還勉力傳承希臘與羅馬的文化，但最終這個帝國還是在1543年為伊斯蘭勢力所滅。

●阿拉伯數學的貢獻

時代的潮流從歐洲開始移往中東。

西元七世紀之際，於阿拉伯半島一隅興起的穆罕默德率領伊斯蘭教徒建立了全新的體制，而這項體制最初於伊拉克、伊朗一帶普及，到了八世紀之後，勢力範圍甚至擴張至阿拉伯以及西班牙，伊斯蘭帝國於焉誕生。

伊斯蘭帝國不僅鼓勵百姓修習伊斯蘭經典《古蘭經》，也獎勵百姓鑽研文化與科學。

伊斯蘭教徒最初吸收的是波斯的學問，之後便透過這些學問接納了希臘的學問。尤其在數學的領域之中，阿拉伯數學帶來了偉大的貢獻，代數學、三角學都可說是阿拉伯數學所開拓的範圍。

此外，阿拉伯文中會使用的數字「1、2、3、……」反映了來自印度的「**零的概念**」，也創造了「零」這個數字，從此之後就以「阿拉伯數字」這個名稱傳入歐洲，最終也廣泛使用於全世界。

近代的西洋科學之所以在中世紀蓬勃發展，可說是在阿拉伯科學被翻譯成拉丁語之後才開始的。但有一種說法認為，當時會這樣做似乎基於想徹底抹去阿拉伯的影子。許多人認為應該進一步研究阿拉伯科學對近代西洋科學帶來的影響。

●阿拉伯的化學

中世紀的阿拉伯科學也與化學有著密不可分的關係。酒精（Alcohol）、鹼（Alkali）、汞合金（Amalgam）、蒸餾器（Alambic）這些詞彙原本都是阿拉伯語，也於現代的化學中使用。

蒸餾器是於江戶時代傳入日本，嫻熟於風花雪月的風雅人士會在客人面前蒸餾日本酒，加工成燒酎加以款待。

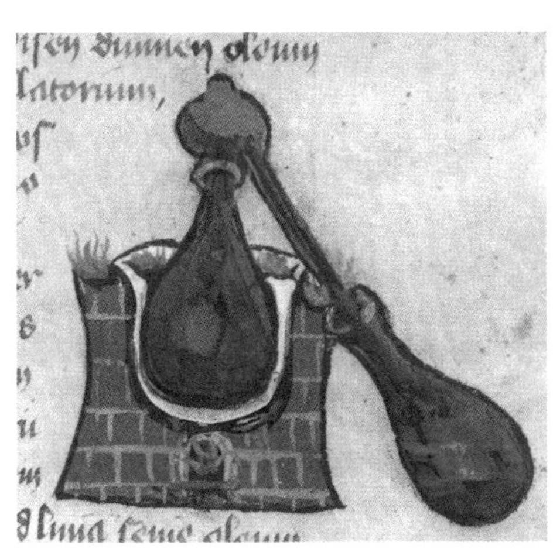

利用蒸餾器蒸餾

自成一派的印度科學

——極微與空界

印度的科學在中世紀發展出實用的天文學、數學與醫學，之後又從醫學與哲學發展出煉金術、原子論與運動論。自古以來，醫學就被賦予相當高的地位，並且在第二～三世紀左右以書冊紀錄的形式，整理成一套完整的體系。

●被視為醫學發展的煉金術

煉金術被視為醫學的分支而發展，獨立出來的煉金術在八世紀左右，被整理成書籍《汞寶的製作》（Rasaratnākara）。

另一方面，大約在西元前二世紀左右，印度哲學界就出現六派哲學讓婆羅門教典發揚光大。在這六派之中，勝論派（Vaiśeṣika）是印度最大的自然哲學派，這個學派的相關書籍也有提到了原子論以及運動論。

不過，在十三世紀之後，印度因為伊斯蘭教教徒的侵擾與內部的鬥爭導致國力衰退，科學的發展自然就無以為繼。

在這樣的背景之下，在印度發展進步的數學傳入了伊斯蘭世界，再傳入歐洲，其中又以印度數學（阿拉伯數字）與十進位法對日後的歐洲文明造成深遠的影響。

●與希臘相似的印度原子論

古印度認為當物質一再分割，最終會出現「**無法再分割的東西**」，而這種究極的東西在印度被稱之為「**極微**（Paramāṇu）」。這種「極微」是無法貫穿、也無法毀壞的東西，被認為位處於名為「**空界**（Ākāśa）」的場域。這部分的理論與希臘的原子論可說是如出一轍。

這項原子論後來又發展出進一步的理論，極微分成「地、水、火、風」這4種（在古希臘的四元素之中，共有「土、水、空氣、火」這四種元素）。這些極微各自擁有「色、味、香、感觸、重量、流動性」等等屬性，據傳是透過名為不可見力（Adrsta）的神祕力量加以合併。

在組成物質的元素之中，由2個同類的極微組成的元素稱為**二微果**（**Dvya uka**），由3個二微果組成的元素稱為三微果，由4個二微

圖 2-2-1 ● 古印度的原子論

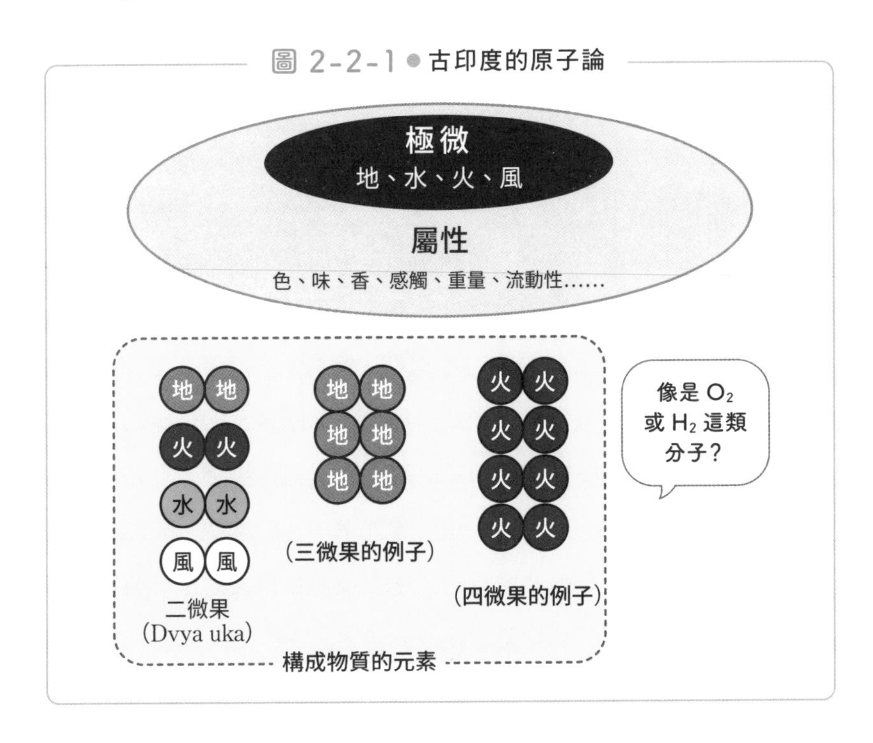

果組成的稱為四微果，這些東西與現代化學的「分子」極為類似，也著實令人大吃一驚。

之後便依照這種模式組成更大的物質。雖然印度的原子論提到了名為「極微」的物質究極粒子，卻未能讓這套原子論發展成以極微統一說明自然現象的理論，令人為這套原子論未能大成而感到可惜。

●不可思議的印度製鐵煉鋼技術

古印度的鑄鐵（用來倒入模具、製作用品的鐵）具有特殊的化學成分。此外，在笈多王朝（西元320左右～550年左右）的時候，印度的染色、製革、肥皂製作、玻璃、水泥這類化學工業領域，所發展出的工業技術比羅馬帝政時期更加高階。

直到西元六世紀之前，印度教教徒在化學工業的領域遠遠領先歐洲，在鍛鐵、蒸餾、昇華、蒸氣加熱、結晶化、冷發光、調製麻醉藥或催眠劑或是調製金屬鹽、化合物、合金等，這些方面的技術都非常成熟。

煉鋼的技術在傳入古印度後的發展便已然成熟。其中最為有名的就是傳入印度的**大馬士革刀**。這種大馬士革刀非常鋒利，據說絹質布料若是掉在刀刃上面，瞬間就會一分為二，但現今這種刀的製作技術已經失傳。雖然在最近的調查之中提到，這種大馬士革刀含有C_{60}富勒烯，但應該只是順著學會的潮流，操之過急所得出的結論吧。

在各種相關傳說與推測之中，有的可說是非常誇張。例如將燒得火紅的刀子刺進奴隸的身體裡，藉此讓刀子冷卻的傳說。雖然現代也能在市面上找到帶有美麗波浪紋的大馬士革刀或是大馬士革菜刀，但全部都是以不同種類的鋼材鍛造而成的仿冒品。

此外，立於德里郊外的**德里鐵柱**（又名旃陀羅．笈多鐵柱）高6.6公尺、直徑44公分，重量推測應該是6噸左右，是於1500年之前所建造。

這根巨大的鐵柱在建造完成之後，就一直在戶外遭受風吹雨淋，但是卻完全沒有生鏽。而且就算以現代科學進行各式各樣的檢驗調查，也無從得知這根巨大的鐵柱之所以不會生鏽的理由。

曾有人提出「是因為純度很高，所以不會生鏽」的說法，但此說法一點都不科學，而且毫無根據。據說當時的製鐵技術會在最後的階段，在融化的鐵裡面加入樹枝或樹葉，而這些樹枝富含大量的磷，所以有人認為鐵柱不生鏽是不是與這些磷有關，但這項說法至今尚未得到證實。

由洗練與混沌交織而成的印度，真是個不可思議的國家。

立於德里（印度）近郊的
古德卜建築群（Qutb Complex）德里鐵柱

為何中世紀中國的化學領域發展落後？

——陰陽五行說

被譽為四大文明發源地之一的中國，自古以來就在科學領域有長足進展，直到西元1500年左右都還遙遙領先西方世界，而這些科學研究成果也透過耶穌會的傳教士傳遍歐洲諸國。

不過，在這之後西方出現了所謂的近代科學，科學以日新月異的速度進步。反觀中國科學的進步速度非常緩慢，等到十六世紀的明末清初時期，耶穌會傳教士再次造訪中國的時候，中國的科技已經遠遠落後西方。

為什麼中國的科技會變得如此落後呢？原因之一是中國文化看待大自然的方法，具有與西方截然不同的特徵。

那麼，中國是如何看待大自然的呢？

中國的自然觀與物質觀

在中國主要是透過「**陰陽五行說**」說明大自然中的現象，而陰陽五行說指的是「陰陽」的二氣與「木火土金水」的五行。

以「陰陽」這2個對立物形成的二元論與西方的對立概念非常類似，但是雙方的不同之處在於，源自希臘的西洋對立概念屬於2個事物互不相容的對立，但陰陽這2個對立物卻是相輔、相對的。

圖 2-3-1 ● 中國的陰陽二元論與希臘二元論的差異

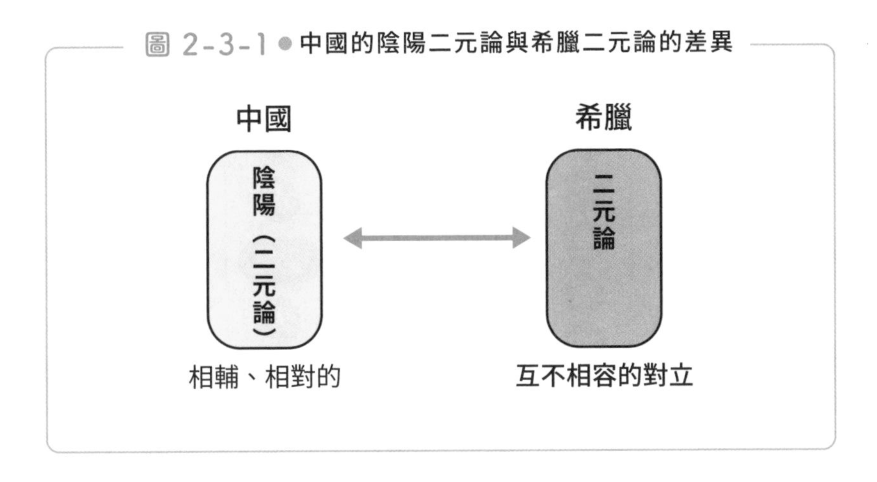

此外，五行說雖然常被拿來與希臘的四元素論對比，但**希臘的四元素論將重點放在基本物質上，五行說卻是將重點放在性質與功能面上**，導致中國未能出現類似希臘原子論的觀點。

西方認為人類與大自然屬於對立的關係，所以西方科技的發展歷史也等於是征服大自然的歷史。

相對地，中國將人類視為大自然的一份子，所以將陰陽五行說套用在朝代交替這類社會現象或是人體的生理現象，也因此慢慢地偏離了自然科學。

當然也不能小看宗教的影響。道教這個宗教，是中國傳統民間信仰或神仙思想與佛教融合而成的。雖然中國的知識份子或是統治階層的文化為儒教文化，但庶民階層的文化則屬於道教文化。

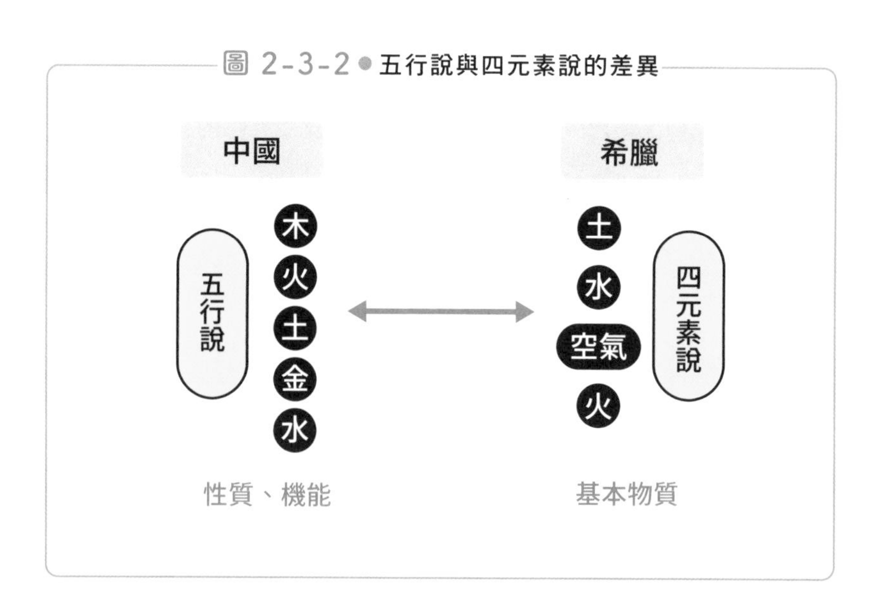

中國的火藥、羅盤、印刷術

被譽為世界四大發明之一的火藥，是源自於煉製長生不老仙丹（煉丹術）的過程。不過煉丹術也促進更多化學物質被發現，增加化學反應的知識，也讓蒸餾器這類實驗器材有機會進化。

此外，**羅盤**的原理為磁鐵的極性，而這項原理後來用於製作「**指南魚**」，後者被譽為道教的「奇跡」。指南魚是將磁鐵裝在魚形木片之中的道具，讓指南魚浮在水面後，指南魚就會一直朝向「南邊」，所以被當成指引方向的羅盤使用。

這個指南魚（磁鐵）的原理在傳入歐洲之後，搖身一變，成為眾所周知的羅盤，也於大航海時代發揚光大。

另外，印刷術的主要用途是印刷道教的護符以及佛教與道教的經書。當時的印刷術並非單獨雕刻每個字的「活字印刷」，而是直接將書籍的單頁內容全部雕刻在木版的印刷方式，簡單來說就像是所謂的

圖 2-3-3 ● 朝向南邊的「指南魚」

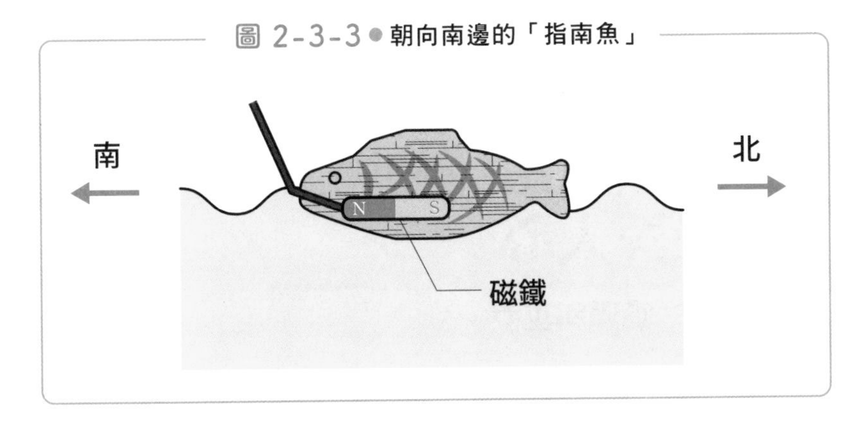

「版畫」。

漢字的種類非常多，要刻出所有活字也非常困難，不過幸好在十一世紀時發明了陶製活字。

2-4 宗教藉由藥物與麻藥操弄人心

—— 薩滿與巫女

除了被譽為世界三大宗教的基督教、伊斯蘭教與佛教之外，宗教的種類可說是多不勝數。

其中有些宗教是藉由麻痺人類的正常理性而獲得信仰。化學物質之中含有能麻痺人類正常理性的物質，比方說酒精或麻藥等等。這也暗示著**某些宗教與特定的化學物質之間，存在著十分緊密的關係**。

●薩滿與藥物

化學物質與宗教密不可分的起源，可追溯至名為薩滿的占卜師身上。前面也提過，**薩滿**就是「能預言未來的人」或是「被認為具有預言能力的人」。

在日本，**巫女**或是咒術者就是所謂的薩滿。這類角色雖然已經式微，但仍然存在。若從歷史的角度來看，邪馬台國的女王卑彌呼（生年不詳～西元242／248年左右）則是其中的典型，據說卑彌呼會利用鬼道這種手法占卜未來。此外，青森恐山的「潮來」也屬於薩滿的一種。

大部分的薩滿都是在進入一種被稱為「**迷離狀態**」的特殊精神狀態之際，擁有預知能力的，而**他們為達到迷離狀態，有時會利用興奮**

劑。至於興奮劑的種類則依地區、國家而不同，接下來讓我們看看有哪些較典型的**興奮劑**。

●與宗教密不可分的酒、香菸與植物中的菇類

日本神道與酒的關係可說是密不可分，例如有些酒就被稱為「御神酒」。

在日本神話之中，也有須佐之男這類好發酒瘋、豪傑般的神明。這位神明雖然很容易酒後失控，但是也降伏了危害人間的八岐大蛇是；也是由祂取得天叢雲劍，此劍被譽為日本皇室三大神器之一，如今供奉於熱田神宮。或許是基於這層關係，日本人對於喝酒或是乙醇才抱持著相對寬容的態度。

在基督教之中，「葡萄酒」被比喻為基督之血；而佛教也是有稱為「般若湯」的酒。據說弘法大師的母親曾將自己釀的酒送到兒子身邊，弘法大師還因為這酒是母親用指甲剝去稻殼而釀製，所以將其稱為「彈撥酒（爪弾きの酒）」。

美洲原住民印第安人會在舉行宗教儀式的時候抽菸。對他們來說，菸草是神聖之物。當哥倫布將菸草引進歐洲，當成日常休閒嗜好品之後，便在一般人的生活之中普及。

不過，菸草之中的尼古丁有興奮劑的效果，而焦油則是致癌物質，所以現代會出現禁菸運動也是理所當然的事，但說不定已經錯過最佳的時間點了。

最常被當成興奮劑使用的就是大麻，或是含有古柯鹼的古柯茶（Mate de coca），也有將咖啡（咖啡因）當成興奮劑使用的例子。就連綠茶也是因為佛教的關係引入日本，而且最初是於寺廟之中當作

興奮劑使用。

此外，還有將各種使用菇類的例子。在原始宗教常將幻覺與幻聽視為與神明溝通常見的手法，而有些菇類含有構造與神經傳導物質相近的化學物質。

●殺人教團使用大麻的目的

大麻具有兩面性，既是藥品，也是麻藥。希臘時代的斯基泰人與色雷斯人使用的**大麻**在進入中世紀之後，便從阿拉伯地區開始往歐洲各地傳開。大麻是可以帶來幻覺的麻藥，也是能治療各類疾病的珍貴藥品。

中世紀的阿拉伯地區流傳著1個真偽難辨的傳說。有個暗殺教團被稱為「Assassin」或是「山中老人」，此暗殺集團會與特定的宗教

圖 2-4-1 ● 大麻的各部位、功效與應用（醫療興奮劑）

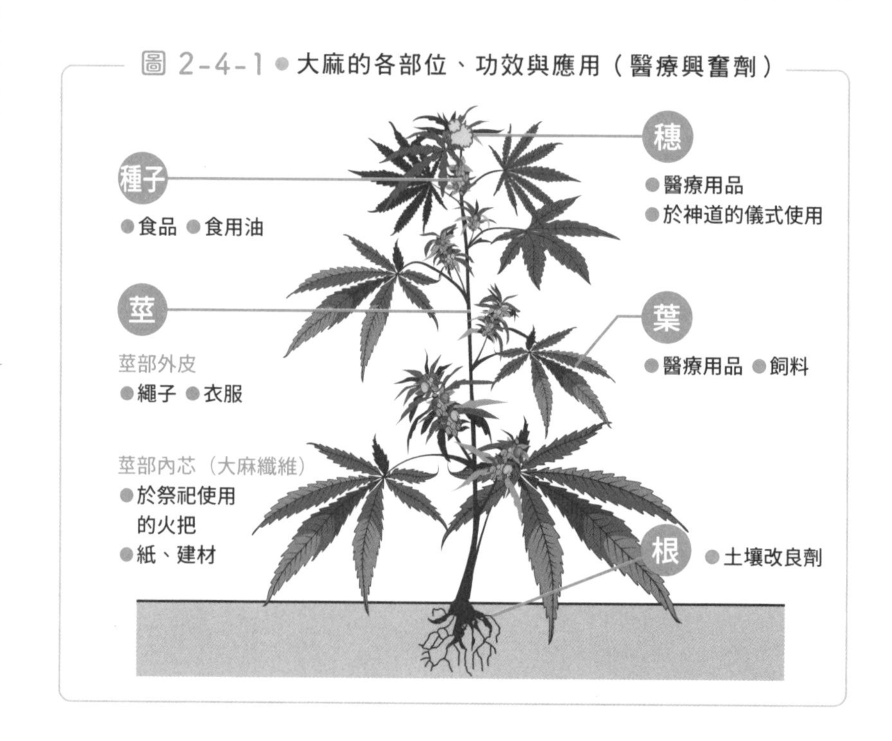

或政治組織結合，因為彼此的利益不謀而合。

　　這個集團在街角發現無所事事的年輕人之後，便會以一些花言巧語接近對方，接著再讓對方聞一聞被稱為**哈希什**（Hashīsh）的大麻。等到對方失去意識之後，再將人帶回去大本營。待年輕人醒來之後，讓對方盡情享用從未吃過或喝過的美食與美酒，以及賜給他美若天仙的美女，享受人間極樂。等到年輕人享受了一陣子如同天國般的生活之後，再讓人失去意識，帶回原本被擄的那個街角。

　　最後這個集團會跟醒過來的年輕人說：「我們是『Assassin』，如果還想體驗那段如夢似幻的生活，就殺了××。就算你失敗了被殺，那種如天國般的生活也會等著你。」如此一來，就能讓對方成為「近乎偏執狂，完全服從暗殺集團的暗殺者」。

為何軍隊會在年輕人身上使用「興奮劑」？

——鴉片與冰毒

●英國為了抵銷入超而發動的鴉片戰爭

在人類的歷史之中，被視為毒品或麻藥的藥物如影隨行般難以擺脫。進入近代之後，國家權力的觸角就伸入人們日常生活之中的每個角落，國家與藥物之間的關係也就此建立。

鴉片是麻藥與興奮劑的原點。在罌粟未成熟的蒴果劃出刀口之後，會滲出白色的樹脂，將白色樹脂加以濃縮與凝固之後，就是所謂的鴉片。

鴉片是自古以來就為人所知的藥物，早在西元前3400年左右，美索不達米亞地區就已經開始種植罌粟。到了西元前1500年左右，埃及開始會製作鴉片，根據莎草紙上的記載，當時將鴉片當成鎮痛劑使用。

在希臘神話之中，鴉片是由女神狄蜜特（Demeter）發現。到了羅馬時代，鴉片除了被當成鎮痛劑、安眠藥使用，也當成助興的藥品使用。

最終鴉片在西元六世紀透過絲路傳入中國，但當時只是當成麻醉劑或鎮痛劑這類藥物使用，直到清朝之前，都不曾出現鴉片之亂。

讓鴉片國家利益扯上關係的是**鴉片戰爭**。鴉片戰爭是於1840年，在英國與中國（當時為清朝）之間爆發的戰爭。顧名思義，這場為期2年的戰爭與鴉片息息相關。

圖 2-5-1 ● **英國的貿易逆差→變成鴉片戰爭**

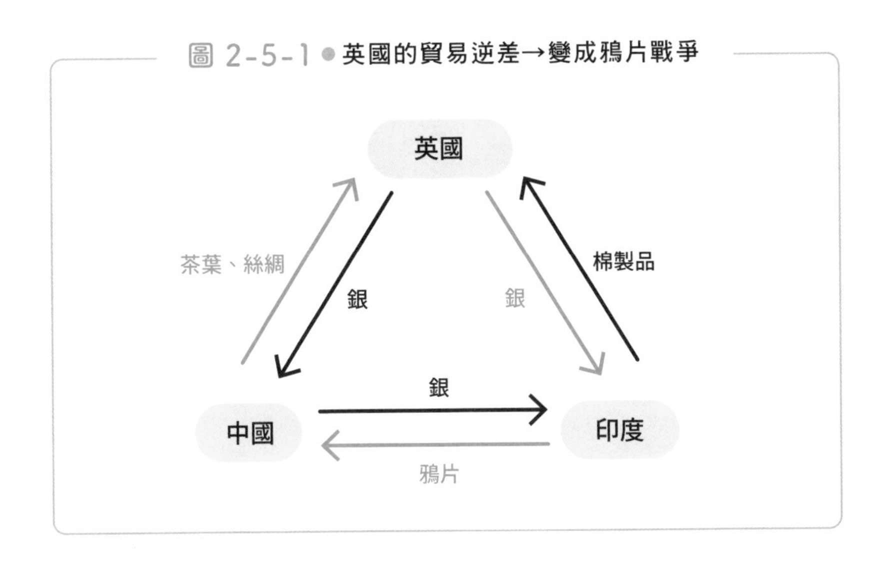

當時的清朝正陷入政局不安、經濟不振的困境，也有許多人沉迷於毒品之中。這些藉著毒品逃避現實的人變成行屍走肉的廢人，讓全家人跟著受累，也成為社會的負擔。

反觀與清朝往來的英國，雖然會從中國進口絲綢與紅茶，但是英國卻沒有能賣給中國的貨物，所以英國就面臨了入超的問題，陷入對中國的貿易逆差困境。

英國想出的解決之道就是鴉片。在當時，印度是英國的殖民地，所以英國在印度生產了大量的鴉片，再將鴉片出口至中國，藉此平衡兩國之間的貿易。

等到中國開始反對鴉片，兩國之間便爆發了所謂的鴉片戰爭。眾所周知的是，雖然當時的中國是有理的一方，但英國在武力占上風，所以最終中國還是在鴉片戰爭中落敗。

●為何讓奔赴戰場的年輕人服用興奮劑？

其實日本也有國家權力與興奮劑結合的例子。鴉片戰爭是清朝政府為了「讓人民脫離鴉片」而發動的戰爭，但在日本發生的事件卻完全不一樣。當時的日本政府採取了與清朝完全不同的方針，主張「給予日本國民興奮劑」。

不過，在此要先聲明的是，會給予國民興奮劑的國家不只有日本。例如在第二次世界大戰之中，軸心國（德國、義大利）也曾給予國民興奮劑；美軍在戰後二十幾年爆發的越戰（西元1960～1975年）之中，也曾給國民興奮劑。

之所以給予興奮劑是為了讓上戰場（赴死）的戰士免除心中的恐懼以及提高士氣與「戰鬥力」。

一想到那些前途璀璨的年輕人，因為服用興奮劑而喪失正常的判斷能力，並且成為捨身赴死的「敢死隊」而莫名失去生命這點，就讓人覺得悲痛不已。

●於戰後爆發的「冰毒」事件

後來在日本成為興奮劑代名詞的是「冰毒」（Philopon，化學名稱：甲基苯丙胺）。

在第二次世界大戰戰敗之後，日本完全陷入了混亂，不僅社會秩序瓦解，經濟也疲弊不堪，許多人因此失去鬥志與陷入徬徨。不過，還是有日本人願意拚命工作、努力讀書。

不過，讓這些人如曇花一現般，未能結果就凋零的是冰毒。據說

「**冰毒**」的日文稱呼有「瞬間趕跑疲勞」的意思；但另一說認為，這個日文名稱與希臘語的「Philoponus」也就是熱愛工作有關。

雖然當時的冰毒不像現在的興奮劑，給人絕對的負面印象，但那些熱愛工作的勞工、正在用心準備考試的考生以及在各領域努力打拼的人都服用了冰毒。

其結果是不言可喻的。剛開始服用冰毒時，的確可以消除疲勞，腦筋也會變得更清楚，也更有鬥志。但過沒多久，就會陷入深深的疲勞之中，也會開始出現戒斷症狀，肝臟與其他的臟器也開始出問題。等到這些人發現興奮劑這隻惡魔的真面目時為時已晚，當時的患者多達50萬人，也出現為數不少的犧牲者。

女巫審判的關鍵重點在於「細菌」？

——麥角鹼

一提到「中世紀的歐洲」，是不是會讓人覺得有些神祕，又黑暗的印象呢？之所以會有這種感覺，應該多半是與「女巫傳說」的流行有關。

●女巫審判通常發生在炎熱濕潤的年份

中世紀的歐洲籠罩著一股異端與神祕的氛圍，其中最具代表性的就是所謂的「**女巫傳說**」。

女巫最為經典的形象就是穿著黑色連身裙、戴著黑色尖帽，騎著掃把在天空飛翔，或是在幽暗的森林深處，不時以樹枝攪拌裡面放了烏鴉頭、蟾蜍、毒蛇、毒草的一大鍋液體。

但真的有女巫嗎？這實在讓現代人的我們難以想像。

圖 2-6-1 ● 女巫傳說的起源是？

不過，還真的有。因為留下了許多女巫被審判的官方紀錄，而且都是留存在教會裡。所以就算不知道「真的女巫」是不是確實存在，但就歷史來看，的確有不少「被懷疑是女巫，而遭到教會審判的女性」之史實。

話說回來，只要稍微研究一下這段歷史就會發現，每年女巫審判的案件的數量並不一致，有些年份特別多件，有些年份則特別少件。**女巫審判特別多的年份，都是寒冷的天氣持續了好一陣子之後，高溫潮濕的夏天緊接著到來的年份**。

●寄生於裸麥的麥角菌導致中毒

當寒冷的氣候一結束，高溫潮濕的夏季就跟著到來時，就會滋生所謂的**麥角菌**。麥角菌是於裸麥（裸麥麵包的原料）寄生的絲狀細菌，而這種細菌產生的麥角鹼（之後會提到），在中世紀的歐洲屢屢造成中毒事件。

因麥角鹼造成的中毒症狀包含手腳的血管收縮，血液循環變差，身體會因此變得紅腫疼痛。如果演變成重症，還會出現身體組織壞死或腐爛的壞疽，皮膚會因此變黑而剝落。

人要是吃了被麥角菌汙染的麥子之後，神經系統與循環器官系統會被細菌入侵，孕婦也會因為子宮收縮導致流產。接著她們的皮膚會長出一顆顆的突起物，四肢也會因為血管收縮而出現有如被烈火燒灼般的劇痛。

當時的人們認為這種疼痛與聖安東尼（西元251左右～356年）受到惡魔試探時的火刑有關，所以將這種疼痛命名為「**聖安東尼之火**」。因此，一旦染此疾病，就必須前往被譽為聖安東尼聖地的埃及朝聖。

但不可思議的是，在那時還真的有人因這樣的朝聖之旅而從疾病中痊癒。但這應該是因為遠離了被麥角菌汙染的地區，而「自然而然」地痊癒。

在當時，附屬於聖安東尼會修道院的醫院以救治麥角中毒者為使命，而德國的文藝復興畫家格呂內瓦爾德（Matthias Grunewald，1470／75左右～1528年）所繪的《伊森海姆祭壇畫》就曾掛在這間醫院。這幅畫的用意似乎是讓麥角中毒者在看到畫中，基督被赤裸裸地被掛在十字架上的模樣後，將自己的身上痛苦想像成基督受到的痛苦，進而從中得到救贖。

格呂內瓦爾德繪製的《伊森海姆祭壇畫》（第1面）
位於右側畫框之中的人物就是聖安東尼

在日本雖然不太會發生麥角中毒事件，因為人民的主食並非是麥子，但據說在第二次世界大戰的1943年曾經發生過一起。當時的岩手縣居民為了解決糧食不足的問題而將赤竹竹米（種子）細磨成粉後再食用。

雖然赤竹數十年才結一次種子，但剛好在糧食不足的時候結種，而且還剛好被麥角菌汙染。當時有許多孕婦也因為吃了這些種子而流產或早產。

若從現代的角度來看，麥角菌中毒是因為麥角菌產生的麥角鹼所造成。麥角鹼的「**鹼**（Alkaloid）」是源自「Alkali（鹽基）」的用語，會用在泛指具有鹽基性的各類有機物的詞語上。

麥角鹼可說是興奮劑的旁支，因為現代最具代表性的合成興奮劑之一的**LSD**（麥角酸二乙醯胺，一種致幻劑和精神興奮劑），就是在以人工合成麥角菌毒素的過程中衍生的物質。

在中世紀被視為「女巫」的女性，很有可能是在吃了被麥角菌汙染的麥子之後，導致嚴重的中毒並進而失去腹中的胎兒。因此大受打擊精神狀態變得不穩定，才會說出一些荒謬的事情，最終淪為不幸的可憐女性。

結論就是這世上或許沒有「真正的女巫」，卻有「因為麥角菌而中毒」，還被懷疑是女巫的女性吧。

如果是現代的話，患者會立刻被送到醫院，接受完善的治療與照顧；但在當時卻是會被送到教會，還被當成女巫接受審判。或許這才是女巫審判的真相。

女巫審判最多的時期為文藝復興時期，差不多是教宗亞歷山大六世（西元1431～1503年）的時代。這位教宗雖然被譽為中興梵蒂岡之祖，卻也曾經誣陷當時的資產家，將這些資產家關進教廷的監獄，再以家傳的「**坎特雷拉**」（其實就是常見的砒霜？）毒殺他們，並且沒收這些資產家的財產。將這些被沒入的財產用於資助拉斐爾（西元1483～1520年）與米開朗基羅（西元1475～1564年）等畫家或雕刻家。看來這位教宗還真是黑心的不得了啊！

那些在過去被迫接受女巫審判的女性的確是「活在一個糟糕的時代」，但在了解上述這些時代背景之後，應該會對女巫的形象有所改觀，不是嗎？

人類的歷史等同於「殺人的歷史」

── 文藝復興的光與暗

許多人一聽到文藝復興，是否就會聯想到這是人類史上特別璀璨的時代。在那個時代裡，拉斐爾高聲誦揚瑪利亞的母性光輝、米開朗基羅讚揚天國的莊嚴、達文西尊崇人類的智慧。人類的肉體之美與腦中的智慧也完全盛開，人類擁有的所有能力也得以綻放。

不過，人類不只會讚揚美麗與可靠的事物，也會破壞與貶損這些事物。而在這兼具正反兩面的能力之中出現的，正是如玻璃般易碎的人性之美。若不是這樣的話，人性將會如同神性一般美麗。

●與政治、權力有關的「暗殺」

化學關乎於所有的物質。食物、衣服、建築、醫療、毒物——全都是化學物質之一，也是化學發展的範圍。而最後列出的「毒物」雖然不是藏在人類歷史深處、不可見人的東西，卻在文藝復興時期堂堂躍上歷史的檯面。

與人類歷史相同悠久的是「殺人的歷史」。根據聖經的記載，人類史上首宗殺人事件居然是亞當與夏娃的長男（從事農業的該隱）與次男（從事畜牧的亞伯）之間的殺人事件。這樁殺人事件的起因在於，兩人分別獻上供品，該隱獻上農作物、亞伯獻上羔羊，但神不喜悅該隱的貢物，導致該隱嫉妒亞伯。

雖然我覺得始作俑者是神，但不管是在哪個國家還是時代，神都不會被究責。

自此，殺人事件在歷史上就不曾間斷，而且殺人的原因也多不勝數。而在這麼多種殺人事件之中，與政治或權力有關的殺人事件稱為「**暗殺**」。

暗殺也有非常多種，例如：

○**權力者殺人事件**：2006年於倫敦發生的暗殺事件，流亡至倫敦的俄羅斯人利特維年科，被放射性元素釙Po暗殺。

○**權力者被暗殺的事件**：1963年，美國總統約翰．F．甘迺迪（西元1917～1963年）於德克薩斯州達拉斯市遊街之際被刺殺的事件。

○**真假難辨的事件**：1821年，拿破崙（西元1769～1821年）於流放之地聖海勒納孤島因胃癌辭世的事件。

除了上述之外，還有許多與暗殺有關的事件。

●存在的本身就是一種「毒」？羅馬教宗亞歷山大六世

在各種暗殺事件之中，讓中世紀歐洲的暗殺色彩更加濃厚的是羅馬教宗**亞歷山大六世**（西元1431～1503年，羅馬教宗在位期間：西元1492～1503年）所主導的暗殺事件。他正是在前一節「女巫審判」中介紹到的教宗。

亞歷山大六世的俗名為羅德里哥，出身於西班牙鄉下的小貴族，滿腦子飛黃騰達、肉慾、金錢慾望的他，可說是當時聖職人員的典型寫照（？）。由於他的慾望非常強烈，所以也比其他人更加「努力」。到了義大利之後，就以波吉亞家族之名，不斷地收買他人，最終得以堂而皇之地登上羅馬教宗寶座。說實在的，應該是該訝異於梵蒂岡的賄賂居然如此猖獗。

若只看肖像畫的話，羅德里哥絕對不會讓人覺得他是1位高潔的男子，但是他的女兒盧克雷齊亞被譽為是文藝復興時期的第一美人，兒子切薩雷則是手腕高超的政治家，甚至被知名的政治評論家馬基維利評為「當代最棒的政治家」。

亞歷山大（羅德里哥）透過這一雙兒女的小孩，企圖重振梵蒂岡共和國那搖搖欲墜的財政。方法可說是簡單粗暴。只要是被他盯上的資產家，他就會隨便找個理由將資產家關進教廷的監獄，再利用家傳的劇毒「**坎特雷拉**」毒殺資產家，然後沒收資產家所有的資產，充做教廷的財產。

這些被沒收的財產主要是用來重振教廷的財政，以及資助拉斐爾、米開朗基羅這些藝術家，所以亞歷山大六世一方面被批為最惡劣的教宗，一方面又被視為中興梵蒂岡之祖，對他這個人的評價可說是褒貶不一。

●劇毒坎特雷拉的原料是聖甲蟲？

話說回來，一說認為劇毒坎特雷拉是以在古埃及被視為神聖之物的聖甲蟲（Scarab）製作。

不過，這應該不是事實。聖甲蟲又稱糞金龜。法布爾（西元1823～1915年）曾觀察這種昆蟲，也將觀察結果寫在《法布爾昆蟲記》裡面，糞金龜也因此廣為人知。

糞金龜會將動物的糞便揉成圓球，再以後腳邊推邊後退。由於這種昆蟲會在糞球之中產卵，等到幼蟲孵化為成蟲之後才會從糞球爬出來，所以被不明究理的埃及人奉為「不死之蟲」。簡單來說，這種昆蟲既不是毒物，也不是藥物，就只是一種金龜子而已。

一般認為，亞歷山大的「坎特雷拉」不是「聖甲蟲」的粉末，而是**砒霜**（三氧化二砷As_2O_3，又稱鶴頂紅）。砒霜是在1998年，於日本爆發的「和歌山毒咖哩事件」中使用的劇毒，是一種無色、無味、無臭的粉末（固體），而且在當時就已經有高純度的砒霜。

自古以來，砒霜就被譽為「暗殺的必殺毒藥」，不管是日本還是全世界，都有知名人士被砒霜暗殺的歷史。

●銀製餐具能夠「驗毒」？

基於上述的時代背景，當時歐洲的資產家都很害怕被毒殺，所以才會想到以「銀器」驗毒。

銀與硫黃結合會變成黑色的硫化銀AgS，所以能讓我們知道「哪些東西有毒」。在日本也有「用銀簪插過，只有銀簪不會變黑的菇類才可以吃」的傳言。

文藝復興時期之所以會使用華麗的銀製餐具，其實與上述的背景有關。但可惜的是，銀器與砒霜結合也不會變黑，所以就理論而言，銀製餐具無法驗毒。

不過，當時的砒霜通常都挾雜著硫黃，所以銀製餐具才被誤以為與砒霜產生反應而變黑。但是，等到銀製餐具因為低濃度的硫黃發黑時，將那些食物吃下肚子的人早就在往天堂的路上，或是前往地獄的途中了，所以銀製餐具終究派不上用場。

硬要說使用銀器的好處，大概就是銀本身具有強力的殺菌效果，所以可用於消毒當時不怎麼乾淨的水，有助於預防食物中毒而已吧。

●從「愚者之毒」演化至新型暗殺毒藥「鉈」

在中世紀的義大利流傳著某種傳說。據說摻有砒霜的水在當時被當成女性化妝水（托法娜仙液，Aqua Tofana）銷售，有許多女性利用這種化妝水殺死老公。

長期受眾人愛用的砒霜在進入十九世紀之後，可由詹姆士．馬許（James Marsh，西元1794～1846年）發明的**馬許試砷法**而能快速驗出，所以便被視為「**愚者之毒**」，也不再有人將砒霜當成暗殺毒藥使用。

取而代之的是1861年發現的新元素「**鉈**（Tl）」。

鉈的英文為「Thallium」，在希臘語為「綠芽」之意，據說鉈會因為焰色反應而變成綠色，所以才如此命名。不過，鉈的發色雖美，骨子裡卻是含有劇毒的元素。日本也曾發生過數起將鉈當成毒藥使用的事件，例如2005年就曾發生過1件十分獵奇的事件，靜岡縣的某位高中1年級女學生讓母親喝下含有鉈的水，再詳實地記錄下發生的各種症狀。

毒物非常可怕，知名小說家阿嘉莎．克莉絲蒂（西元1890～1976年）曾經在軍中擔任過護士。所以對於鉈引起的中毒症狀知之甚詳，也曾經看過不少對鉈中毒不太了解的醫生將鉈中毒誤診為「疾病」的例子。在當時，醫師誤診的病名可說是如同「百貨商店的商品數量一樣多」。

即使到了現代，說不定還是有人會因為鉈中毒而成為犧牲者。

科學之窗

伴隨著犧牲的「中世紀化學物質」

同一個字眼在不同的時代可能有不同的意義。比方說，大部分的現代人在聽到「化學物質」，都會覺得是人工合成的化學物質，但是在合成化學物質還未出現的中世紀，化學物質就是存在於大自然的東西。所以我們不能以現代的尺度衡量過去。

在此提出1個問題，究竟什麼是「毒」？是讓壽命縮短的物質嗎？這純粹是現代人的思維。我認為，中世紀的人對於毒物有不同的看法。

對中世紀的人來說，「毒」就是「不能吃的東西」。在當時，毒物無所不在。人們為了避免不小心吃到毒菇，或是被毒蛇、毒蟲攻擊，一定都得戰戰兢兢地生活著。

於大自然生長的菇類約有1成有毒，有1%是劇毒，例如蕨菜這種山菜就是毒草的一種。

不過，我們還是能夠津津有味地享用這種蕨菜，因為我們會在食用之前先「殺菁」。簡單來說，蕨菜的原蕨苷雖然有毒，但可利用鹼性的灰汁分解成無毒的物質。

這種生活智慧是經過前人無數次的犧牲所換來的，而化學的歷史也在這些地方慢慢地累積起來的。

第3章

煉金術讓化學成長

將賤金屬變成貴金屬的魔術

—— 煉金術時代

煉金術的「煉金」指的是融化礦石，從中提煉黃金，或是將「**賤金屬變成黃金（貴金屬）的化學技術**」。

過去曾有段時代將「金、銀之外的金屬」都歸類為「賤金屬」，但現代的「賤金屬」指的是容易產生化合物的金屬（賤金屬又可稱為卑金屬）。

圖 3-1-1 ● 煉金術是將什麼變成什麼呢？

煉金術很常被誤認為「下流妖術」——將廉價的鉛、錫或是其他的「賤金屬」變成黃金、銀、鉑這類「貴金屬」；或是被當成「詐欺術」——將賤金屬變成黃金。

不過，就原本的意義而言，煉金術完全不是下流的妖術，而是「讓人格變得如同黃金般高貴」的哲學，也是非常純粹與嚴謹的倫理學與科學思考體系。

不管煉金術的定義為何，**只要沒有煉金術師，就不會有人進行那些看似有勇無謀的實驗，最終「現代化學也就不會存在」**。最近有一些正在重新檢視煉金術的研究，希望這些研究能夠持續發展下去。

●煉金術起源於古埃及？

將賤金屬提煉為黃金，或是將各種物質、人類的肉體與靈魂提煉至完美境界的技術都可稱為是煉金術。

這類煉金術的起源可回溯至古埃及或古希臘的時代。古埃及的莎草紙就記載著「加入金屬，讓黃金或是銀增加」的方法，這不禁讓人覺得「這應該就是所謂的煉金術吧？」

煉金術從古埃及傳入古希臘，再傳至伊斯蘭文化的阿拉伯，最後再傳遍整個歐洲。認為「萬物皆由四元素組成」的亞里斯多德（西元前384～322年）以及其他古希臘哲學家的物質觀，也對中世紀阿拉伯的伊斯蘭文化圈的煉金術造成深刻的影響。

到了十二世紀之後，在伊斯蘭文化圈不斷發展的煉金術被譯成拉丁語，並在歐洲引起研究熱潮，也為歐洲的化學奠下基礎。

不過與研究的熱潮相反，有些人卻反對這些研究。這些人認為人類創造這些東西違反了神所創造的「自然」，是一種傲慢的行為。

●假煉金術橫行

在煉金術變得十分普及之後，就不斷傳出以煉金術製造假黃金或是假寶石，再藉以詐欺他人的事件。這些「假煉金術師」會以那些貪婪無度、人心不足蛇吞象的地方貴族為獵物，謊稱會為他們製造黃金、住進貴族豪宅，向這些貴族索要大筆的設備費與研究費，然後再捲款潛逃。

圖 3-1-2●許多貴族出資贊助煉金術師

擔心這股風潮越演越烈的教宗若望二十二世（西元1244左右～1334年）便於1317年禁止煉金術。

不過，煉金術並未因為這項禁令而衰退。這是因為雖然有人反對煉金術，但也有另一派人認為人類透過這些技術創造新事物，是「對神的助力」。

話說回來，當時的人們無法利用煉金術創造新事物，因為當時的科學只是依附於自然現象之上，實驗科學的概念尚未形成。

煉金術師認為「各種礦物原本都是源自同一種物質，只是基於各種因素才成為純粹的礦物或是不純的礦物」，此外，也覺得「這些因素是可以改變的，要是可以改變的話，礦物也可能改變」。

基於上述的想法，煉金術師認為煉金術是一種加速自然現象的技術，能讓埋在地底的賤金屬快速轉換成貴金屬，而不需要耗費數千年之久，藉以激勵了研究的士氣。

包含哲學意涵的煉金術

—— 賢者之石

當煉金術被單純地視為只是將「賤金屬」轉換成「貴金屬」，並藉以詐騙大筆金錢的妖術、詐欺術之後，讓許多認真的煉金術師高興不起來。

煉金術的究極目的是找到「**賢者之石**」，或是生產賢者之石。因為只有賢者之石**能讓「一般的人類」昇華為「人格高尚的人類」**，就像是將賤金屬轉換成貴金屬一般。

換言之，煉金術的終極目標是「讓人類變得高貴」，由這群人共同組成打造出「高貴的人類社會（世界）」，煉金術的基本精神就是高尚的精神主義。

由此可知，真正的煉金術師與滿腦子只想著賺錢、假裝自己是煉金術師的詐欺師集團完全不同，是崇高的哲學者集團。

●昇華人類的「偉大祕法」

若以基督教的方式比喻，就是讓人類昇華至《聖經》所說的「沒有原罪的人類（在偷吃蘋果之前的亞當與夏娃）」狀態，而且其最終目的是讓世界重生，也就是讓整個宇宙昇華。

這種人類的昇華或是世界重生的方法稱為「**偉大祕法**」（Ars

Magna）。

●拯救肉體

在煉金術師想提煉的各種物質之中，有一種稱為「煉金靈液」的液體。這種**煉金靈液**（Elixir）與賢者之石一樣，似乎可能達到轉換金屬以及治療疾病的效果。

的確有煉金術師開發了煉金靈液，讓垂死的病人起死回生。雖然喝了這類煉金靈液的人等於是實驗室的白老鼠，但是**將煉金術的知識應用在醫療上，藉此開發出守護人類健康的靈藥**，也是煉金術的目的之一。

換言之，我們必須知道的是，真正的煉金術師並非詭異的魔術師，而是「哲學家」或「賢者」的代名詞。

圖 3-2-1 ● 如何製作煉金靈液（Elixir）呢？

科學之窗

牛頓也是煉金術師？

若從現代人的角度看煉金術，恐怕大部分的人都會直接了當地斷言：「煉金術是絕對不可能實現的技術啦！」

不過，請大家仔細想一下，煉金術是應用了古希臘學問的技術。與其他的學問一樣，煉金術也透過實驗不斷地發展，進而發明或是發現各種事物，最終才演變成科學範疇之中的「化學」。如果沒有歷代的煉金術師貢獻，這一切都不可能實現。

現代化學在這短短50年內出現了驚人的進化。除了「理論上不可能」製作的物品之外，幾乎所有想製作的物品都可利用分子製作出來。

但這也導致氟碳化合物、PCB或戴奧辛這類造成公害的物質，流入我們的生活環境之中，而且基因工程學也讓這世界出現了不該出現的生物（**嵌合體**，Chimera）。

有時候不禁會突然反思：「化學進步得這麼快是好事嗎？」

煉金術師並非許多人想像中的魔法師或是瘋狂科學家，許多煉金術師都是一邊從事正當行業，一邊進行煉金術的研究。比方說，

以萬有引力聲名大噪的**牛頓**（西元1643～1727年）就與煉金術有著深刻的關係，還留下大量的研究文獻。

最近有一些研究開始重新檢視煉金術，真是令人欣慰的進展。

從埃及到阿拉伯，接著傳入歐洲

——煉金術的歷史

煉金術的起源可說是眾說紛紜，但應該是匯集了從西元前的美索不達米亞、埃及、希臘這些地區的冶金學、哲學、醫學或物理學等，自然而然發展出來的。

最初煉金術只是一堆實用技術的集大成，後來在阿拉伯人手中發展成正式的煉金術，之後又透過羅馬傳入歐洲。

●古代的煉金術

古埃及的實用科學技術相當進步，而這應該是受惠於製造木乃伊之際，需要使用油脂與香料。另外，古埃及也非常擅長替寶石加工、上色以及製作青銅器。

1828年，從埃及底比斯的古墓挖出了寫有希臘語的莎草紙，而這些莎草紙也以收藏的大學或都市命名為「**萊頓莎草紙**」（荷蘭的萊頓大學）或是「斯德哥爾摩莎草紙」。

這些被認為是在西元三世紀寫成的莎草紙，記載了在黃金、銀添加其他金屬，藉以增加分量的方法（合金）與染色法。

單以技術上來說，美索不達米亞地區是煉金術的重要發源地。當時的美索不達米亞地區擁有不遜於埃及的技術，甚至全世界最古老的電池（巴格達電池）也是在這個地區發現的。

一般認為，煉金術的哲學也受到希臘哲學的影響。比方說，四元素論就是源自希臘的自然哲學。

●從亞歷山大港傳至阿拉比地區

之後煉金術就從埃及的**亞歷山大港**傳至伊斯蘭教徒的阿拉伯地區，並在形成一套體系之後再度傳回歐洲。

在西元三世紀至五世紀這段期間，煉金術的哲學部分也於埃及的亞歷山大港持續發展。而只有發展哲學的理由，被推論是當時埃及正大力鎮壓「邪教」所致，因此不能進行大型實驗或是大張旗鼓的活動。也就是在這個時候，基督教、猶太教與埃及神話的等等相關哲學被加以融合，成為煉金術基礎的哲學。

此外，**關於亞歷山大港的煉金術技術發展，女性也功不可沒**。一般認為，女性煉金術師是在自家的廚房，利用每個家庭都有的烹飪道具進行各種實驗。

雖然在現代，廚房已不是女性的專利，但不管是古代還是現代，會仔細觀察女性在廚房做哪些事情的男性並不多見。

阿拉伯地區除了從亞歷山大港吸收煉金術之外，其他的學問也大有收穫，並建立了許多圖書館與學校。地中海周邊歐洲各國有不少學者，為了獲得阿拉伯地區的學問與知識而特地遠道來此。這些歐洲學者所接觸到的知識與技術之中，恐怕也包含了煉金術，所以這些知識才會透過義大利的西西里島傳至歐洲。

之後在歐洲對東洋文化的興趣掀起一股熱潮。而在此時，於十一世紀號稱要奪回基督教聖地耶路撒冷的十字軍，但實質是為了拯救東羅馬帝國而集結的東征之行，反而讓煉金術更加普及、擴散。

歐洲煉金術的發展過程

在十三世紀到十七世紀前半的這段期間，煉金術在歐洲有了長足的發展，讓原本只是實用技術集大成的煉金術，進化為知識體系的煉金術。

此外，西歐從十二世紀開始研究煉金術，也出現了許多與煉金術相關的文集。

在這些文集之中，煉金術師的赫米斯被奉為希臘神話的赫米斯神，也因此被稱為「Hermes Trismegistus」（意為「偉大無比的赫米斯」）。因此這些文集又被稱為「**赫米斯文集**」（據傳是由赫米斯所著），是研究有關煉金術的最重要資料。

到了十五世紀之後，西歐瀰漫著一股魔術的氣氛，煉金術也因此轉變為具有天啟思想（以來自超自然之物的神喻為教義的哲學思想）色彩的祕教。

在這個時代裡，有些堅持傳統的煉金術師為了躲避取締而隱姓埋名，關於煉金術的內容也變得愈來愈艱澀難懂。

當時的煉金術之所以會被取締，全因煉金術的哲學不見容於當時，所以許多煉金術師乾脆地放棄這部分，**將煉金術發展為專門「研究用於提煉黃金的學問」**，再去服務那些被私利、私慾蒙蔽雙眼的當權者或聖職者。

就當時的社會風氣而言，只要不是赤裸裸的邪教崇拜，教會在某種程度上，還是允許煉金術師研究「煉成黃金的煉金術」。雖然從結果論來說或許有欠妥當，但在進入十六世紀之後，也開始出現催生現代化學的研究論文。

不過，到了十七世紀後半之後，笛卡兒哲學得勢，煉金術也開始遭到否定。換句話說，隨著笛卡兒提出的唯物主義普及之後，**被不成熟的唯心論所拖累的煉金術只能面臨一步步消失的命運**。

Hermes Trismegistus
（Trismegistus意為「三倍偉大」）

話說如此，在這個時期仍有克難鑽研煉金術，足以稱之為煉金術師的人存在。而且他們**幾乎都只研究煉金術的化學部分**，等到日後煉金術與化學融為一體，他們也成為所謂的**化學家**。

基於上述的時代背景，煉金術到了十八世紀之後便慢慢地銷聲匿跡了。

圖 3-3-1 ● **煉金術去除哲學色彩，作為化學留存下來**

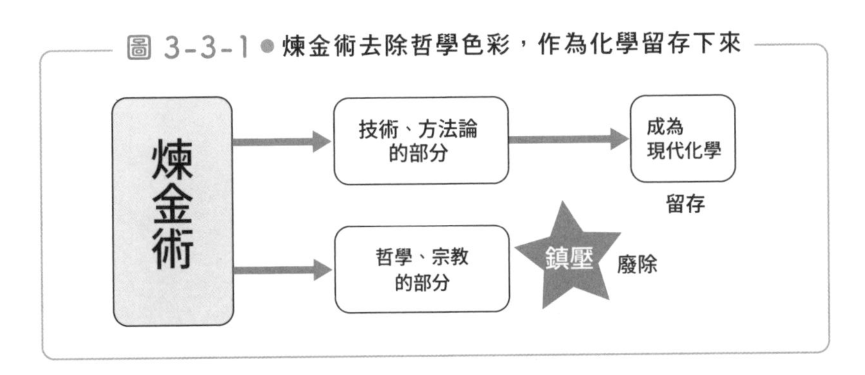

3-4 催生出實驗器材與材料的煉金術

—— 化學的演進①

煉金術具有與現代化學相通的技術部分，也有充滿祕宗宗教色彩、唯心論的哲學部分。在此讓我們一起了解煉金術在化學這一塊的技術。

●關於實驗器材

煉金術師設計與發明了各種實驗器材。猶太婦人瑪利亞是活躍於四世紀的煉金術師，曾發明在密閉的容器放入金屬片，再蒸氣加熱的「**分餾皿**(Kerotakis)」蒸餾裝置。而現在仍以有一款以她為名的「**Bain-marie**」雙層蒸鍋，使她的名字流傳至今。

於煉金術使用的Bain-marie

此外，舊時英文名稱為「Alembic」的**蒸餾器**能生產出許多東西。在江戶時代有很多蒸餾器傳入日本，也留下了風雅人士（在此特別指稱嫻熟於風花雪月的人）於酒席之間，將日本酒蒸餾為燒酎，款待客人喝得盡興的故事。

不過，這些實驗器材在當時都是極為昂貴的東西，實在難以入手。而且只有實驗器材也無法進行實驗，還需要實驗材料與藥材。要購買這些有助於實驗的寶石、藥草以及與實驗相關的大量書籍，需要極為雄厚的財力。

一如前述，在當時只有王公貴族或是教會，才有辦法打造具備上述器材與材料的實驗室。所以具備足夠的知識、財力與設備的修道院，也成為研究煉金術的絕佳地點。

●打造賢者之石的方法

雖說**煉金術的終極目標就是打造出賢者之石**（或是找到賢者之石），但在各種煉金術之中最讓人覺得莫名其妙的，就是這個賢者之石的製作方式。

打造賢者之石的技術稱為「偉大祕法（Ars Magna）」，而且還分成「潮濕之路（濕潤法）」與「乾燥之路（乾式法）」這2種。

「**潮濕之路**」的方法為：將材料放進稱為「哲學者之蛋」的球型水晶燒瓶，再將燒瓶放入名為「**Athanor**」的熔爐之中，接著蓋上熔爐後加熱。據說至少需要40天才能產出賢者之石。

反觀「**乾燥之路**」就只需要使用土壺，而且只需短短4天就能產出賢者之石。所以實驗環境不佳的煉金術師通常都會選擇「乾燥之路」，這也是歐洲煉金術最常見的方法。

想必大家都知道，在這樣的情況下，還會有人刻意選擇「潮濕之路」的方法嗎？如果2種方法的產品沒有明顯差異的話，選擇「潮濕之路」的方法就更不划算了。

在提煉的過程之中，材料會變成黑色、白色與紅色。據說賢者之石是「質量沉重，又閃爍著光澤的紅色粉末」，只要放入水銀或是加熱融化的鉛跟錫，就能產出大量的貴金屬。

據說紅色的賢者之石可將賤金屬變成「黃金」，白色的賢者之石可將賤金屬變成「銀」。

圖 3-4-1 ● 潮濕之路——裡面放了球型燒瓶的密閉「Athanor」熔爐

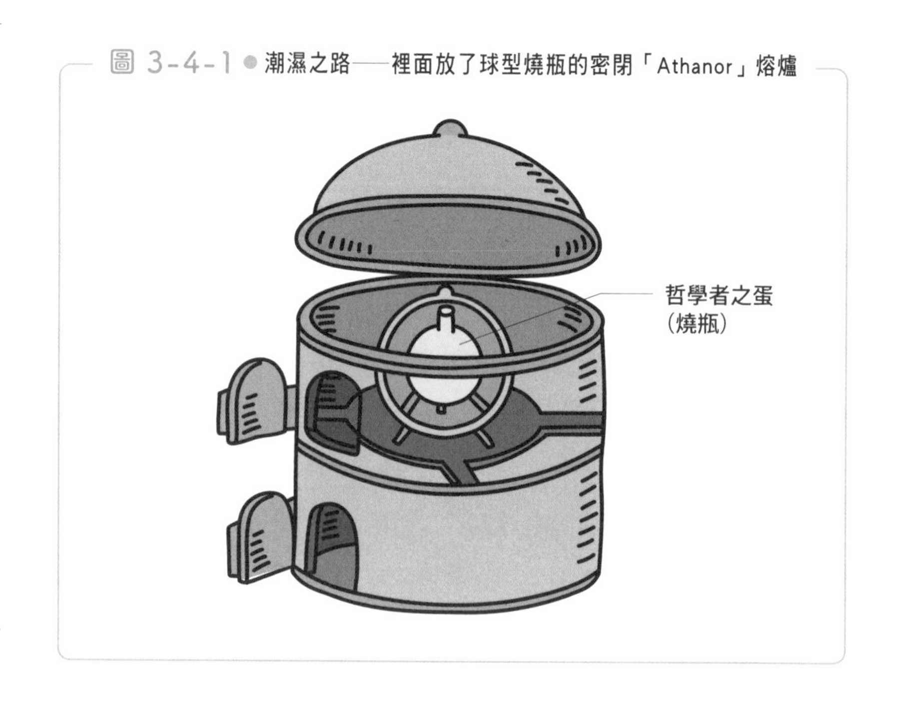

累積精煉金屬、蒸餾、昇華等技術

—— 化學的演進②

煉金術具有「科學技術的分支」與「宗教哲學的分支」部分，而且這2個部分在本質上是完全不同的，但是在科學技術的領域的確造就了難以否定的成果。

在此讓我們一起了解有哪些成果。

●蒸餾技術——Alembic蒸餾器

煉金術締造的成果之一就是開發了化學實驗技術。其中又以在西元前二世紀開發的**Alembic蒸餾器**最為重要，因為這種蒸餾器為後

圖 3-5-1 ● 對化學發展有所貢獻的 Alembic 蒸餾器

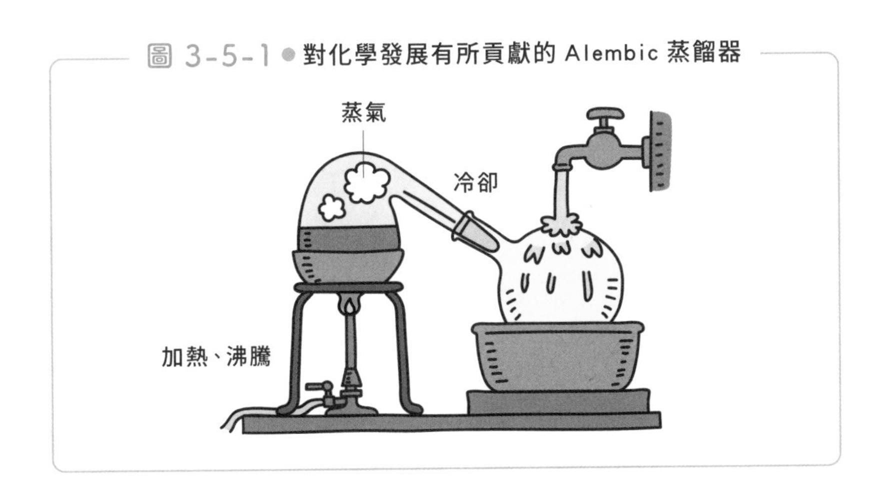

績的天然物化學開啟了一條康莊大道。使用這種蒸餾器才得以提煉高純度的酒精，也才得以從天然物之中萃取成分，進而開拓出通往化學分析與化學工業的途徑。

此外，透過乾餾的方式從綠礬或明礬這類硫酸鹽礦物取得硫酸的技術，也是多虧了蒸餾器。

$$KAl(SO_4)_2\text{（明礬）}+3H_2O \rightarrow KOH+Al(OH)_3+H_2SO_4\text{（硫酸）}$$

硫酸與食鹽混合之後，可得到鹽酸；鹽酸與硝酸結合之後，可得到王水。這一切都是因為發明了蒸餾的技術才得以實現。

$$H_2SO_4 + 2NaCl\text{（食鹽）}\rightarrow 2HCl\text{（鹽酸）} + Na_2SO_4$$

鹽酸＋硝酸→王水（混合物）

●化學藥品的開發——長生不老藥

印度的煉金術原本是屬於醫學的其中一個領域，後來在西元八世紀左右，自成為煉金術這個體系。煉金術在當時被視為是一種幫助解脫的手段。

當時認為可以透過煉金術，借助水銀的魔力將鉛或是錫轉換成銀或是黃金，甚至也能製造出**長生不老藥**。

在**煉金術的發展過程中，精煉金屬、蒸餾法、昇華法等這類化學知識，在各種實驗過程中慢慢累積。**到了約十四到十五世紀之後，這種煉金術製造的藥物便開始追求實際的醫療效果，漸漸地導致一般市民最終也被波及、受害。

火藥改變了戰爭

若問哪種發明在中世紀的歷史留下了最深刻的影響，絕對是火藥、炸彈莫屬。

這是因為在**火藥**發明之前，交戰的形式都只是，知名武將拿著知名工匠鍛造出的名刀一決雌雄，但是當火藥問世之後，戰爭的型態也為之驟變。比方說，明明昨天都還在田裡耕作的農夫，居然能夠只以1柄槍打倒知名武將，導致穿著華麗鎧甲的武將再也沒有揚名立萬的機會。

火藥大概是在七到十世紀的時候發明的，據說是中國的煉丹術師在製作仙丹（長生不老靈藥）之際，將硫黃、硝酸、木炭混合之後，偶然發明出的產物。這種混合物後來又被改造成硝石（硝酸鉀）KNO_3與硫黃S與木炭C的混合物。這就是所謂的**黑色火藥**，在現代常用來製作娛樂用的煙火或是大砲與煙火的發射藥（裝藥）。

圖 3-5-2 ● 黑色火藥改變了戰爭的型態

發現的新瓷器製法

乍看之下，西洋陶瓷器的出現與發展似乎與煉金術毫無關聯，但其實這也是煉金術師不可被抹滅的功績之一。

在十八世紀的歐洲，東洋的陶瓷有著現代難以想像的價值。不管是王公貴族，還是資產家，都要在自家大宅的櫃子、桌子、暖爐、書架、牆壁以及每個角落擺一些東洋的陶瓷當裝飾，藉此炫耀財富。

不過，當時的陶瓷都是遠從中國或是日本進口的東西，價錢也十分昂貴。

在歐洲發明如何生產陶瓷的正是煉金術師。薩克森選帝侯奧古斯特二世（西元1670～1733年）命令煉金術師約翰．斐德烈．貝特格（Johann Friedrich Böttger，西元1682～1719年）研究與製造東洋陶瓷。

受命的貝特格在經過漫長的研究之後，總算在1709年成功製造了品質不遜於東洋陶瓷的白瓷，而這就是**麥森瓷器**（Meissen）的最初起源。

科學之窗

早期的實驗器具看似原始，卻很合理

化學的趣味之一就來自精美的實驗器具。但是，沒有現代這種精美的實驗器具，真的就什麼都做不出來了嗎？

日本在進入江戶時代之後，燒酎就成為十分普及的酒類。簡單來說，燒酎就是將日本酒（酒精含量15%），以蒸餾的方式提升酒精濃度後的成品（25%左右）。

那麼，江戶時代的人們是如何在沒有精密器具的情況下，蒸餾日本酒的呢？

下面有一張當時的蒸餾裝置略圖。將日本酒的酒醪倒入鍋中加熱之後，沸點較低的乙醇會先沸騰、揮發成氣體，而桶子上方的蓋子會讓揮發成氣體的乙醇冷卻為液體，接著再利用下方的導流管承接。上方的蓋子會先注入冷水。

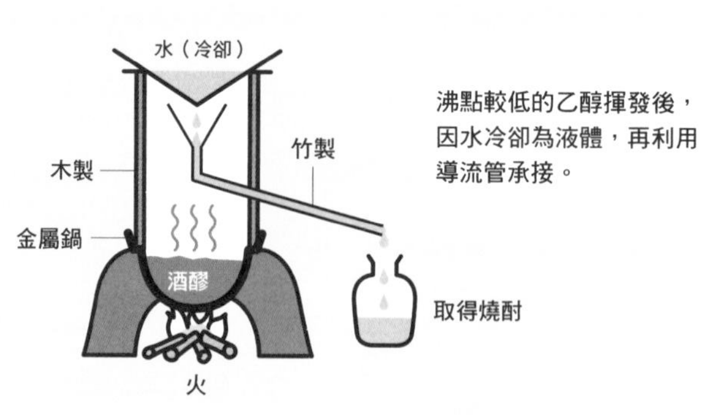

看似原始卻非常合理的蒸餾器

這項裝置雖然很原始，卻很合理。大部分的人認為「蒸餾」就應該講究純度，但其實這項裝置就足以產出非常美味的燒酎。

第4章

大航海時代、工業革命的化學

為何必須開發新的貿易路線？

—— 黃金與香料的需求

假設歐洲的「中世紀」是從「西羅馬帝國瓦解到拜占庭帝國滅亡為止」，那麼差不多是西元500～1500年這時間。若是將接下來的「近代」定義為英國工業革命或拿破崙的這段時間，那差不多是西元1500～1800年這段期間。

若問橫跨中世紀到近世的時代為何，那就是大航海時代以及工業革命。

大航海時代差不多是西元十五世紀中葉到十七世紀中葉這段期間，主要是由葡萄牙與西班牙發起，是遠征非洲、亞洲與美洲大陸的大規模航海。

至於**工業革命**是指在十八世紀中葉的英國，其他國家則是十九世紀時所興起的一連串產業革命。是使用煤炭的能源革命，利用這些能源驅動大型機械，結果可以說是帶動社會結構改變的革命。

●誘使人們踏上大航海之路的各種想望

1492年，西班牙的哥倫布（西元1451～1506年）抵達美洲大陸；1497年，從葡萄牙出發的巴斯可．達伽馬（Vasco Da Gama，西元1460／69左右～1524年）開拓了印度航線；由麥哲倫率領的

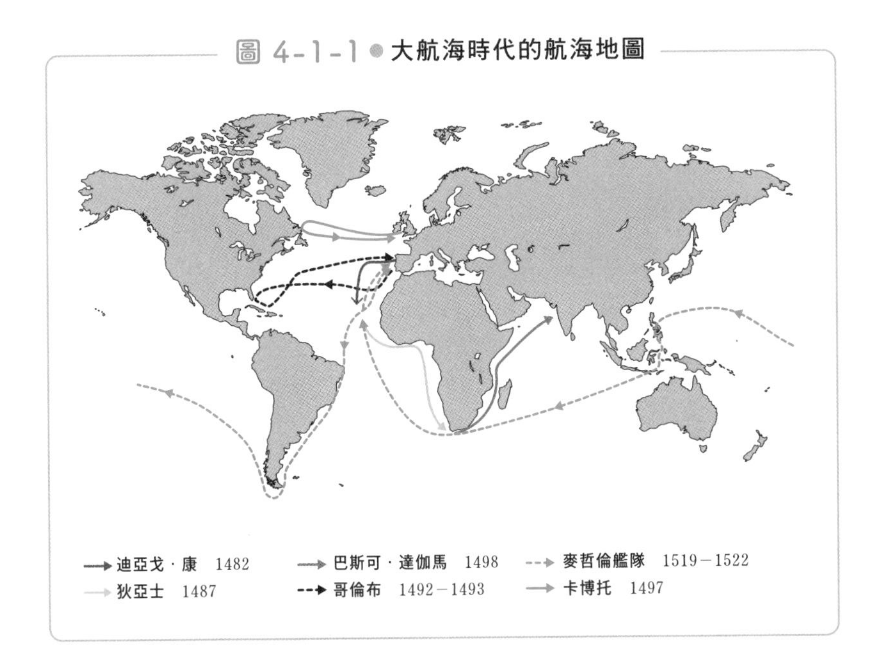

圖 4-1-1 ● 大航海時代的航海地圖

西班牙艦隊在1522年完成繞世界一周的壯舉。

為什麼歷史上會留下這麼多名留青史的大航海壯舉呢？這些壯舉又為什麼會在這個時代發生呢？

大航海時代是文藝復興開花結果、宗教改革的時代。當文藝復興打開了世界，**這些散落於世界各地的新知識，也激起人們「想見見前所未見的世界盡頭」的慾望**。

此外，被**宗教改革**逼入絕境的天主教教會同樣也渴望在「新的土地佈教」。

不同的角色似乎都各有不同的目的與願望。

目的是取得「黃金與香料」

若從化學的角度觀察大航海，可以歸納出兩大因素。其中之一是「**黃金**（Gold）」，人類本來就汲汲營營地在追求「新的財富」。

在1300年左右發行的《馬可波羅遊記》提到，「東方島國Chipangu（指古日本）是遍地黃金的國家」，也喚醒每個人的夢想。

另一個因素是**香料**。當時的歐洲越來越多人吃肉，所以必須解決獸肉的保存問題。

當時的農業知識尚不完備，所以在牧草盡枯的冬天裡，沒有可以餵食家畜的食物。令人意外的是，當時的家畜都是只畜養1年的生物。無關個人喜好或意願，當時的人們一到秋天就必須殺掉這些家畜，才有肉可以吃。

這些在秋天獲得的肉品，味道到了春天很有可能不太好入口。為了去除腥味，就必須使用辛香料。

不過，歐洲沒有生產這些辛香料，所以胡椒這類香料甚至要以同樣重量的黃金才交換得到。若要從亞洲進口辛香料以及其他商品，都必須經過占據地中海東半部的鄂圖曼帝國，辛香料的價格也因為這層中間的抽佣而翻了好幾倍。

這逼使歐洲各國不得不另尋途徑，前往亞洲或完全陌生的土地。

●印加帝國的貴金屬

1438年於南美洲建國的印加帝國在短短的100年之後，也就是在1531年的時候，被西班牙征服者法蘭西斯柯．皮薩羅（Francisco Pizarro，西元1470左右～1541年）所滅。不過，當時的皮薩羅只帶了168名士兵、1門大砲以及27匹馬而已。

・天花導致印加帝國滅亡

為什麼皮薩羅只靠著這麼點兵力，就能夠滅掉印加帝國呢？其實早在他抵達印加帝國之前，印加帝國的國力就已經變得非常虛弱，其

1533年8月29日，印加皇帝阿塔瓦爾帕的最後一刻

中的原因在於「**天花**流行」與「內戰」。

一般認為，當天花經由西班牙人帶入南美洲哥倫比亞之後，便於印加帝國全土蔓延開來，也導致印加帝國60～90%的人口在幾年之內死亡。

這比例若是換算成人數，則是大約有960萬～1440萬人，也讓我們更能感受這場天花有多麼嚴重。由此來想，便可知道發現天花疫苗的詹納是有多麼偉大，而詹納的事蹟也會在後續的章節介紹。

皮薩羅在抓到印加帝國的皇帝阿塔瓦爾帕（西元1502左右～1533年）之後，將這位皇帝綁在小房間的柱子上，再放話要求「整間房間必須堆滿超過皇帝頭頂的金銀，才肯釋放皇帝」。

相信皮薩羅會履行承諾的印加人紛紛帶來印加帝國所有的金銀，並且堆滿了整間房間，但皮薩羅卻未履行承諾。

• 印加帝國竟有融化鉑的技術？

當皮薩羅志得意滿地帶著這些金銀財寶，回到母國西班牙後，試著分類這些貴金屬，沒想到裡面摻雜著從沒看過的白色金屬製品。這種白色金屬製品重量為銀的2倍，而且加熱也無法融化。因為無法另行加工，於是被當成「沒有用的廢鐵」丟棄掉，但過了幾年之後才發現，原來這些「廢鐵」是**鉑**（Platinum，又稱白金）。銀的比重為10.5，融點為962℃；但是鉑的比重為21.5，融點為1768℃，當時的西班牙沒有能夠融化鉑的加熱技術。

這麼說來，難不成印加帝國擁有相當高超的加熱技術嗎？其實，事實上並非如此。

印加帝國應該是以現代所說的「**粉末冶金**」技術製造這些鉑製品，也就是利用銼刀將鉑磨成粉，再將粉狀的鉑灌入模具治煉；或是做成金屬塊，再透過鍛打的方式製作這些金屬器具。

在同樣使用鉑打造的古代製品之中，還有埃及於西元前700年左右打造的「底比斯小盒」。這個小巧可愛的盒子的其中1面有利用鉑裝飾黃金的痕跡，而這種裝飾應該也是利用了前述印加帝國的冶金技術製作。

工業革命是第2次能源革命

—— 擺脫手工作業

於1760年開始的英國工業革命最後不僅席捲了整個歐洲，甚至拓展至全世界。這是利用煤炭產生的能量驅動機械，讓所有生產活動變得更快、更蓬勃的革命。

●第2次能源革命

工業革命也有「**能源革命**」這一面。人類到目前為止，曾經歷3次能源革命。

第1次能源革命是人類發現火，以及懂得如何利用火。在人類發現火之前，使用的都是太陽、風力與水力這類自然能量。據考古學界公認，在歷史至少有50萬年的中國北京原人的時代，人類就已經懂得生火以及保留火源了。

第2次能源革命是人類懂得使用蒸氣與化石能源，也就是所謂的「**工業革命**」。進入十八世紀後半之後，使用煤炭當成能源的蒸氣機問世，過去只能利用自然能源的手工業社會也面臨天翻地覆的變化。

這場能源革命會在英國發生並非偶然。

英國的森林與歐洲各國相比還要來得少，所以英國的製鐵業者為了取得既是能源，又是氧化鐵還原劑的木炭，不斷地在英國的國內四處奔波。

到了十六世紀之後，燃料不足的問題已經是燃眉之急，木材的價格也開始上漲。因此，比起其他國家的業者，英國的業者也不得不比以往更加認真、積極地去尋找其他能源，也就順勢將注意力轉到「**煤炭**」之上。

●火力旺盛的煤炭能源

人們早在古希臘時代就知道煤炭與石油的存在。而且在日本的《日本書紀》之中也有記載，在天智天皇即位（西元668年）之際，「越之國（現在的福井縣到山形縣一帶）獻上會燃燒的土與水」，可見當時就已經發現煤炭與石油，而且也知道越後一帶有天然氣。

不過，煤炭的開採作業非常危險，而且使用起來火力又太過強大，所以當時的人們並未積極地使用這種能源。等到木炭實在匱乏，才在兩害相權取其輕的情況下，從木炭換成煤炭。

英國從十六世紀中期開始，將煤炭當成製造磚頭、鹽與肥皂等等的燃料，所以也漸漸熟悉煤炭的使用方法。之後又開發出以煤炭製鐵的方法，英國也迅速成為歐洲屈指可數的工業大國。

●先是水蒸氣能源，接著是電力能源

在能源演進過程中扮演關鍵角色的是詹姆士．瓦特（James Watt，西元1736～1819年）。由他發明的蒸氣機（1781年），讓人類得以利用水蒸氣的能量驅動車輪，得到劃時代的技術。即使放眼現代，大部分的機械也都是使用「旋轉動能」作為動力。

旋轉運動產生了新的能量，也就是所謂的**電力能源**。讓發電機的渦輪旋轉就能產生電力。除了風力、水力發電之外，火力發電與核能發電都是相同的原理。

說穿了，核電的核子反應爐不過就是製造水蒸氣的裝置，也就是「升級版的鍋爐」。

●因倫敦的煙霧公害4000人死亡

英國因為不斷地使用煤炭而導致發生嚴重的公害。煤炭除了含有碳C與氫H之外，還含有氮N與硫黃S。當氮開始燃燒，就會產生各種氮氧化物。這種氮與x個氧結合的化合物寫成 NO_X。硫黃在經過燃燒之後，也會產生各種硫氧化物 SO_X。

NO_X 溶入水裡就會變成硝酸 HNO_3 這類強酸，而 SO_X 溶入水裡同樣也會變成硫酸 H_2SO_4 或亞硫酸 H_2SO_3 等強酸。

英國屬於潮濕的氣候，每到冬天就會濃霧（Fog）瀰漫，一旦燃燒煤炭的煙霧（Smoke）與濃霧混合，就會成為帶有強酸的濃霧，這種濃霧又被稱為「Smog」（Smoke＋Fog的合併詞）。

自工業革命之後，英國，尤其是倫敦的人們幾乎每年都擺脫不了這種濃霧帶來的公害，其中最慘的一次是，1952年12月在倫敦發生的「倫敦煙霧事件（Great Smog of London）」。

在這個事件之中，含有大量二氧化硫（亞硫酸氣體）SO_2 的煙霧（Smog）遲遲不散地連續壟罩5天，也造成了4000人的死亡，而且該年冬季有超過1萬人死於這場煙霧。

由此可知，形同「工業革命」的第2次能源革命是以蒸氣、化石燃料為能源，而第3次能源革命則是以石油搭配電力作為能源。

《Principia》揭開科學時代的序幕

—— 牛頓的定律

若問有誰在埋頭研究古老的煉金術的同時，還開創了工業革命這個新時代，絕不能不提到牛頓（西元1643～1727年）這號人物。在此要稍微介紹由牛頓所著的《Principia》（繁體中文版為史蒂芬．霍金編修的《自然哲學的數學原理》，由大塊文化出版）。

眾所周知，牛頓是一位生於英國的偉大研究家，卻也是一位非常偉大的學習家。他把之前研究者公開過的自然科學研究成果整理成一本書，為人類歷史留下了一本偉大的著作。

這意味著牛頓就像是個水壩，不僅能吸納在他之前的學者所提出各種的知識，將這些知識整理成研究成果，還能成為啟發後世研究的根源。

牛頓所著的研究成果整理就是《**Principia**》（意為「自然哲學的數學原理」）這本書。

《Principia》的意義

牛頓在1687年所著的《Principia》將伽利略（西元1564～1622年）、惠更斯（西元1629～1695年）的力學研究成果，以及哥白尼（西元1473～1543年）、第谷．布拉赫（Tycho Brahe，西元

1546～1601年）與克卜勒（西元1571～1630年）的各個天文學研究成果都整理成一套完整的系統。

牛頓根據這些名人的理論建立了不可動搖的力學與宇宙觀，而且這些力學與宇宙觀即使在愛因斯坦（西元1879～1955年）出現後的現代，也仍然是沒被推翻的常識。

《Principia》除了是科學史上的偉大著作，就算以人類文明史上來說，也是帶來有如重大革命的深刻影響。

48 PHILOSOPHIÆ NATURALIS

De Motu Corporum.

Corol. 4. Iisdem positis, est vis centripeta ut velocitas bis directe, & chorda illa inverse. Nam velocitas est reciproce ut perpendiculum *ST* per corol. 1. prop. 1.

Corol. 5. Hinc si detur figura quævis curvilinea *APQ*, & in ea detur etiam punctum *S*, ad quod vis centripeta perpetuo dirigitur, inveniri potest lex vis centripetæ, qua corpus quodvis *P* a cursu rectilineo perpetuo retractum in figuræ illius perimetro detinebitur, eamque revolvendo describet. Nimirum computandum est vel solidum $\frac{SPq \times QTq}{QR}$ vel solidum $STq \times PV$ huic vi reciproce proportionale. Ejus rei dabimus exempla in problematis sequentibus.

PROPOSITIO VII. PROBLEMA II.

Gyretur corpus in circumferentia circuli, requiritur lex vis centripetæ tendentis ad punctum quodcunque datum.

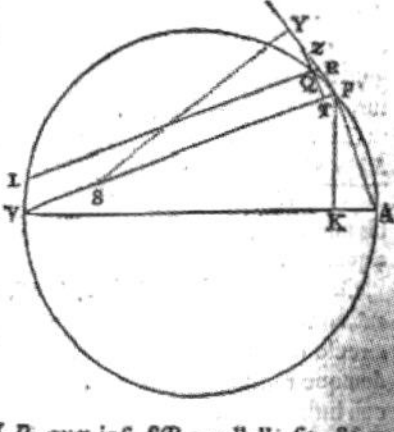

Esto circuli circumferentia *VQPA*; punctum datum, ad quod vis ceu ad centrum suum tendit, *S*; corpus in circumferentia latum *P*; locus proximus, in quem movebitur *Q*; & circuli tangens ad locum priorem *PRZ*. Per punctum *S* ducatur chorda *PV*; & acta circuli diametro *VA*, jungatur *AP*; & ad *SP* demittatur perpendiculum *QT*, quod productum occurrat tangenti *PR* in *Z*; ac denique per punctum *Q* agatur *LR*, quæ ipsi *SP* parallela sit, & occurrat tum circulo in *L*, tum tangenti *PZ* in *R*. Et ob similia triangula *ZQR*, *ZTP*, *VPA*; erit *RP quad.* hoc est *QRL* ad *QT quad.*

牛頓所著的《Principia》

●《Principia》的內容

本書共有3卷。

第1卷的開頭介紹了許多種定義。牛頓在第1卷的開頭簡單明瞭地定義了質量、動能、靜摩擦力的慣性、外力、向心力，接著根據這些基本概念提出了揚名立萬的3項定律，也就是所謂的「**牛頓三大運動定律**」。

牛頓三大運動定律的「第一運動定律」為**慣性定律**。意思是，所有的物體在未接受任何外力的影響之下，「將保持靜止或是維持等速度運動的狀態」。

「第二運動定律」則是物體的運動變化與承受的外力成比例，會朝著力的施加方向產生直線變化。

「第三運動定律」則是2個物體對彼此的力量，也就是「作用與反作用定律」，換句話說，是大小相等，但方向相反的力。

第2卷提到了流體力學，徹底排除了笛卡兒（西元1596～1650年）主張的「渦漩理論（Vortex theory）」。

第3卷則提到了牛頓最為人所知的「**萬有引力定律**」。牛頓在第3卷提到了2個物體具有互相吸引的作用力，而且這個作用力與物理的質量成正比，且與物體之間的距離成平方反比。

牛頓雖是留下了如此偉業的大人物，卻同時也戀戀不忘舊時代的煉金術。

只要得過1次，就不會再次染病？

—— 疫苗的問世

進入大航海時代之後，作為與病魔對抗的武器，醫療藥品的開發也有了長足的進展。

●得過牛痘的人就不會染上天花！

先前在大航海時代的章節也提過，**天花**是一種感染力極強，死亡率又很高的病毒性傳染病。而且，就算病患幸運得以治癒，臉上也會變得坑坑疤疤（疤痕）。

不過，後來的人從經驗中得知，**只要得過1次天花，就不會再次染病**。因此為了要預防天花，將天花的膿液種在皮膚裡面。但是，這其實非常危險，因為一不小心，就會全身冒出膿皰而死，是一種賭上性命的預防方式。

在英國鄉下開業的醫師詹納（西元1749～1823年）發現，鄉下的女性比都市的女性還要少有天花的疤痕。

而且擠牛奶的女性也告訴他「**曾經感染過牛痘的人，就不會感染天花**。」所以他便試著在曾經感染過牛痘（死亡率低於天花的疾病）的19位受測者身上種天花的膿，沒想到所有的受測者只有手部的皮膚變紅，沒人感染上天花。

圖 4-4-1 ● 醫師檢查擠牛奶女性的牛痘生長情況

●疫苗只是「碰巧」誕生？

從這個結果得到信心之後，詹納於1796年，從擠牛奶的女性手上的牛痘採取實驗材料，再將其接種在8歲少年的手臂上。結果發現，這位少年只有在接種之後的1週內輕微發燒，但過沒多久就立刻退燒。而且就算在6週後接種天花，也不會發病。

這就是**疫苗**的起源。在發現這個疫苗之後，死於天花的患者人數大量減少，這種種痘法也瞬間普及開來。

不過根據後續的調查發現，因真正的牛痘病毒所製造的抗體，並沒有抵抗天花病毒的能力。詹納使用的牛痘實驗材料，應該是牛痘之外的動物痘瘡病毒，很有可能剛好混到了馬的痘瘡病毒。

不過，這個偶然讓人類擺脫了天花病毒的糾纏，之後也陸陸續續開發出不同的疫苗。

●醫用化學藥品（阿斯匹靈等）的開發

觀世音菩薩是從人間一切煩惱之中拯救眾生的佛，會以各種形態出現，例如「楊柳觀音」就是其中一種，也就是觀世音菩薩拿著柳枝的姿態。

從古希臘時代，人們就知道柳樹的樹皮能治療痛風與神經痛。據說前面提到的希臘醫師希波克拉底，也將柳樹的樹皮當成鎮痛解熱的藥物使用；在日本也有咀嚼柳枝以治療牙痛的治療方法，或是將柳枝的根部搗爛，再當成牙刷的使用方法。

1819年，英國神父愛德華・史東發現柳樹樹皮的萃取物能有效治療發冷、發燒與紅腫這類症狀，便根據柳樹的學名「*Salix*」將這種萃取物命名為「柳苷（Salicin，又名柳醇）」。

柳苷是一種主要分子與葡萄糖結合的萃取物，一般則稱為配糖體（醣苷），是味道非常苦澀的物質。在1838年讓這種萃取物經過分解與排除糖的化學反應之後，就得到主要成分的氧化水楊酸。

水楊酸的苦味非常明顯，而且也很酸，有時甚至會導致胃部破洞造成胃穿孔的疾病，所以為了遮蔽水楊酸酸性來源的羥基（氫氧基），會讓水楊酸與醋酸進行化學反應，製造出副作用較低的乙酰水楊酸。

1899年，拜耳公司以「**阿斯匹靈**」這個商品名稱包裝乙酰水楊酸，在市面上販售之後，阿斯匹靈在市場上便受到消費者的熱烈好評與愛戴。即使已銷售超過120年之久，在今日的美國仍然是熱銷藥品，每年賣出1萬6千噸、200億錠。

水楊酸除了可用來製造阿斯匹靈，也能用來製造各種藥物，比方說，可用來製作商品的防腐劑以及拿來治療好發於腳底的雞眼。此外，水楊酸與甲醇產生反應之後，可以得到名為水楊酸甲酯的成分，通常會被用來製造肌肉的消炎鎮痛藥。此外，與胺基（NH_2）產生反應之後的產物「對胺水楊酸（PAS）」，可以用於治療結核病。

圖 4-4-2 ● 阿斯匹靈的同類藥物

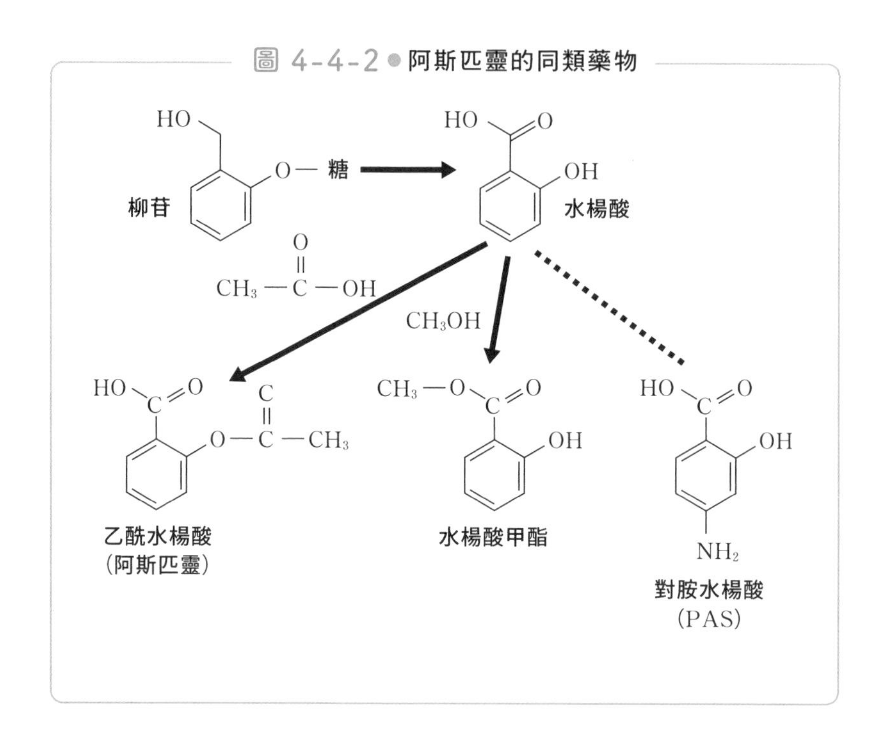

華岡青洲領先世界的全身麻醉

——江戶的醫療革命

在詹納開發疫苗之際，正是日本鎖國最嚴重的時期，對於外國發生的事情置身事外，但也不是完全沒有取得任何外國資訊的管道。一如「內行看門道」的諺語般，以長崎的出島為主，還是或多或少能接觸一些外國的資訊。也根據這些資訊或是日本獨到的思維，締造了足以與世界一較高下的化學研究成果。

作為大航海時代的結尾，接下來要介紹的是在日本的故事，發生於因黑船事件而被迫開國之際。

●平賀源內的靜電發電器

荷蘭所發明的靜電發電氣，差不多是在1751年的江戶時代引入日本，最初是被當成宮廷的玩物以及醫療器材。根據文獻記載，當時是由荷蘭人獻給日本幕府的。

在那之後，一位長年生活於長崎的蘭學者（專研西洋學術的學者）平賀源內（西元1728～1780年），於《紅毛談》一書讀到了**靜電發電器**的相關內容，又非常走運地在二手商店找到故障的靜電發電器。便把靜電發電器帶回江戶，還成功修復這台機器。

圖 4-5-1 ● 平賀源內的靜電發電器構造

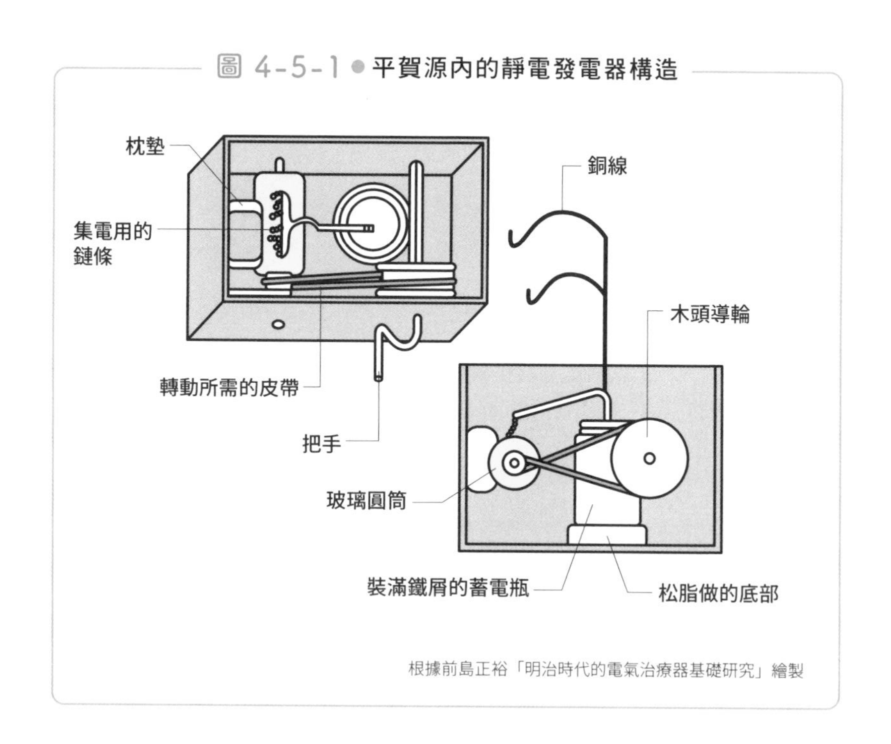

根據前島正裕「明治時代的電氣治療器基礎研究」繪製

靜電發電器的構造是在木箱內部放入雷電瓶（蓄電瓶），再轉動外側的把手，讓箱子內部的玻璃摩擦，而此時產生的電力會沿著銅線放電。

平賀源內以陰陽之說以及佛教的一元論說明產生電力的原理，他應該也沒有電磁學相關的知識。

之後，在日本的靜電發電器也被當成觀賞用的玩物以及醫療器材使用，但一點都不實用，只是個能滿足好奇心的玩具。

此外，當時正在進行「寬政改革」，所以嚴禁浪費，出版也被管制。日本對於電力的科學的鑽研與研究也因此被推遲，直到明治時期之後才又開始重新推動。

●華岡青洲的全身麻醉

若是有看過醫療連續劇，一定知道在手術之前會先麻醉。如果要在沒有麻醉的情況下接受外科手術，看著身體被手術刀劃開的話，筆者寧可死，也不想忍耐這種折磨與痛苦。

其實麻醉藥一直等到近代才問世，而且其中**最為重要的全身麻醉，也是日本領先全世界的創舉**。

發明全身麻醉的是江戶時代紀州（現在的和歌山縣）的醫師華岡青洲（西元1760～1835年）。他發明的麻醉方式是讓病人服用以曼陀羅華（又稱洋金花）與數種藥草調配的「通仙散」，這種麻醉藥又名為「麻沸散」。

洋金花會讓人陷入強烈的精神錯亂狀況，在西元三世紀之際，就在中國被當成麻醉藥使用，但相關的配方與使用方法都沒有留下任何紀錄。

華岡青洲在洋金花加入數種藥草，調配麻醉藥之後，除了在動物身上實驗，還在母親於繼與妻子加惠的協助之下，不斷地進行人體實驗，最終耗費了20年的歲月才開發出通仙散。

之後又於1804年利用通仙散進行全身麻醉，終於成功完成外科手術。

威廉．莫頓（William T.G. Morton，西元1819～1868年）利用乙醚進行手術的公開實驗雖然被認為是歐洲近代麻醉技術的起源，但這項實驗是於1846年進行的，而華岡青洲則是早在四十年之前就已經成功完成全身麻醉的手術。

華岡青洲的全身麻醉與現在的麻醉不同，沒辦法在需要麻醉的時候立刻讓病人沉睡，也無法讓病人立刻醒來。

華岡青洲使用的麻醉藥，也就是通仙散，因為屬於內服藥，所以差不多得等上2個小時藥效才會發作，而且也得等到差不多4個小時才能開始動手術。此外，被麻醉的病人差不多得等上6～8小時才會甦醒，所以比現在的麻醉更耗時間，但還是能讓病人不會因為手術而多受折磨。

科學之窗

大佛金身引起公害？

日本自古以來也有所謂的公害，比方說，八岐大蛇的傳說就是與製鐵有關的公害。此外，還有一個由宗教引起的公害，那就是奈良的大佛。天平時代，聖武天皇為了讓整個社會變得更加祥和與幸福，便打算建造大佛（西元752年）。

這尊大佛的素材為青銅，雖然現在的顏色為巧克力色，但在完成之時，顏色是璀璨的金色。原來，這尊大佛在當時全身鍍了金。在那個沒有電力的時代，到底是怎麼鍍金的呢？

其實沒有電力也能鍍金，而這種方法稱為化學鍍金。黃金能輕易地溶於水銀，形成泥狀的汞齊（Amalgam，水銀合金）。將這種泥狀的汞齊塗滿大佛全身，再將木炭貼在大佛內部的青銅上，加熱至極高的溫度。由於水銀的沸點為357℃，所以水銀會因如此的高溫而揮發，剩下的就只有黃金。之後只要將黃金磨成平滑的表面，鍍金的作業就完成了。

據說這尊大佛的鍍金使用了9噸的黃金與50噸的水銀，造成公害的就是揮發的水銀。當時的奈良盆地想必是因為這股水銀蒸氣而陷入窒息狀態，而且大部分揮發的水銀都隨著雨水滲入地底，成為地下水，再變成家家戶戶都要喝的井水，所以才會引起嚴重的水銀公害。一般認為，當時的政權之所以會在短短的74年之內遷都長岡京，而放棄極盡奢華的古都奈良，原因之一可能在於這次的水銀公害。

第5章

法則與定律百花齊放的化學時代

催生「可量化」化學的秤量器材

── 質化與量化

從概念性的科學進化為實驗性的科學

從古代科學的宇宙觀與物質觀來看就不難了解，古代的科學可說是屬於「概念性的科學」。古代人發揮天馬行空的想像力，而且他們擁有的思考能力也完全不遜於現代的我們。

不過，他們**沒有進一步去確認想法的能力、想法與道具**。只要自己擁有的知識或是已知的世界沒有產生任何矛盾，那麼提出的理論就算是完成了。

比方說，由希臘人提出的四元素論，也就是世界是由「火、空氣、水、土」這4個元素交織而成的理論其實很有說服力，也很容易讓人信服。但事實上，這個理論卻與實際世界的運作相去甚遠。

進入中世紀之後，科學的中心從「歐洲移到阿拉比亞」。

當煉金術在阿拉比亞（中東）造成流行之後，科學的世界也為之一變，也就是**在唯心論的某個角落，具體的「物質」登場了**。

當時的科學家──煉金術師等的人士，開始操弄各種物質，讓這些物質產生變化，再仔細地觀察變化的樣貌，在這個過程之中，**實驗性的化學也因而誕生**。

●質化與量化有什麼不同？

一般來說，實驗分成**質化方法**與**量化方法**。前者只處理「物質變化」的問題，後者則是觀察物質的變化，再處理「變化量」的問題。

圖 5-1-1 ● 兩種分析方法

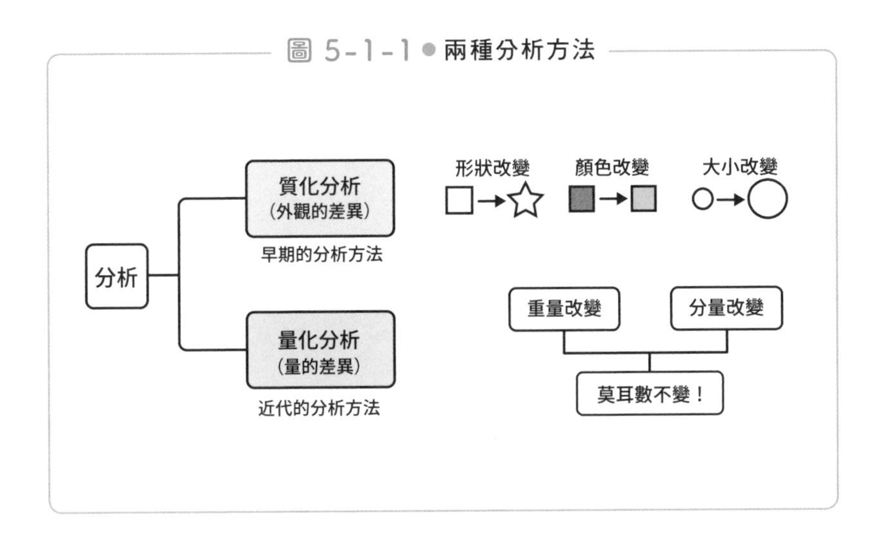

以 $2H_2 + O_2 \rightarrow 2H_2O$ 這個化學反應為例

質化分析會描述成……

- 氫與氧反應，產生了水（水蒸氣）

質化分析在處理時，只會將重點放在觀察反應的過程、只記錄外觀上的變化。

反觀**量化分析會描述成（針對不同的面向）……**

- 2莫耳的氫與1莫耳的氧產生反應後，會產生2莫耳的水蒸氣
- 2公升的氫與1公升的氧產生反應後，會產生2公升的水蒸氣
- 4公克的氫（相當於2莫耳）與32公克的氧（相當於1莫耳）產生反應後，會產生35公克的水（水蒸氣：相當於2莫耳）

「秤量器材」問世改變了化學

如果要進行量化分析，就必須要測量以下部分的「量」。

反應前物質（反應物）的量（質量或體積）

→反應後物質（生成物）的量

為了要測量「量」，就必須有相當準確程度的「升」或是「量筒」等化學專用的「**秤量器材**」。

圖 5-1-2 ● 各種秤量器材讓「量化分析」得以實現

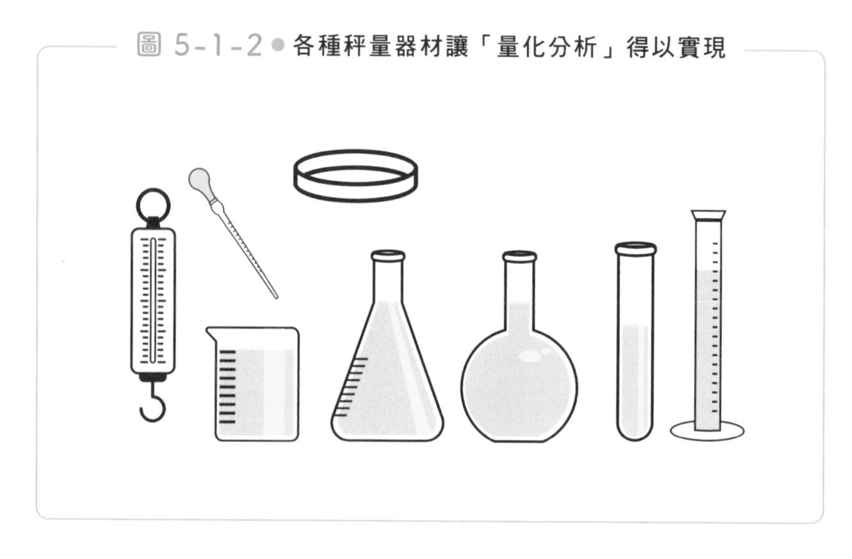

雖然這些秤量器材在現代化學是極為平常的用具，但在這些秤量器材誕生之前，就算想進行定量觀測與實驗，也會不得其門而入。

其實也是要等到近代滿後期的階段，這些秤量器材才開始有人使用。所以在這些器材誕生之前的化學，都只能採用質化分析的方式進行研究。

當量化計測手法不斷進步之後，一如下節所述的，為化學的世界陸續帶來革命性的發現，化學的進展也一日千里。

量化分析的成果

當量化分析進入化學的世界之後，透過質化分析無法得知的「真實反應」也就此攤在眾人面前。話說回來，質化分析本來就無法得知「$2H_2$」或「$2H_2O$」的「2」這種化學反應式的係數。

這個意思就是，質化分析的手法無法得知原子的個數，也就是看不見原子。只能憑想像去知道有「概念上的氫」、「概念上的氧」與「概念上的水」的存在而已。

這就是在近代前期之前的化學前提，之所以是「元素」而不是原子的理由，追根究柢就是因為質化分析的手法無法得知原子的存在。

可是引入量化分析的手法之後，便立刻得以初次見到原子的真面目，也因此出現了多種探討原子的個數與比例的法則。

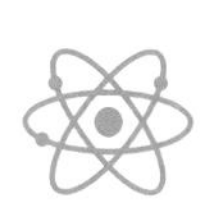

拉瓦節的質量守恆定律

——量化分析締造的成果

●質量守恆定律(拉瓦節)

「**質量守恆定律**」就是因量化分析手法的誕生,使化學產生飛躍性進步的第1號頂級打者。質量守恆定律是法國化學家安東萬・拉瓦節(Antoine - Laurent de Lavoisier,西元1743～1794年)於1774年提出的理論,主要的內容如下。

—— 質量守恆定律(拉瓦節)——
物質的總質量在化學反應的前後皆不會產生變化

這是足以與愛因斯坦的宇宙論媲美的化學定律。除了質量守恆定律這個名字之外,現代也在相對論的「質能互換」概念影響之下,將這項定律稱為「**能量守恆定律**」。

在安東萬・拉瓦節的時代裡,燃燒被視為一種分解現象,會讓燃燒物的燃素被釋放成熱能或是火焰。

安東萬・拉瓦節

圖 5-2-1 ● 物質的總質量不會在化學變化前後改變！

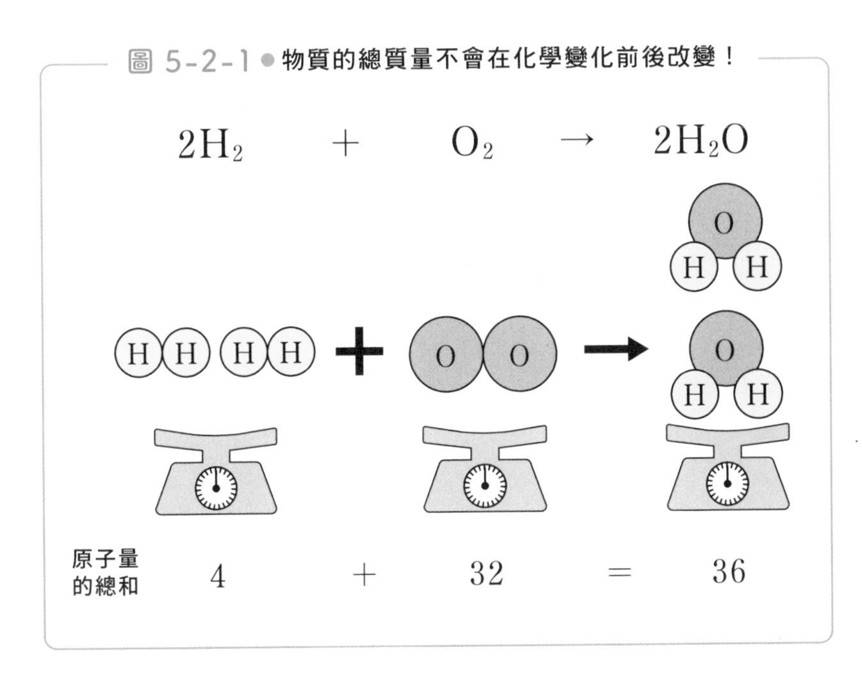

不過，若從量化的角度思考這個現象，就會遇到一個難以解釋的問題，那就是植物或是其他物質在燃燒之後會變成灰，而這些灰通常比原本的植物輕，但是金屬在經過加熱之後，金屬灰卻會變重。到底要怎麼解釋這個矛盾才好呢？在當時這可是個大問題。假設物體在經

拉瓦節進行燃燒實驗的情況

過燃燒之後，真的會釋放所謂的燃素，那麼剩下來的灰燼應該比較輕才對。但是，燒完留下的灰燼卻變重又要怎麼解釋呢？

因此，拉瓦節透過磷的燃燒實驗證明了「燃燒之後，生成物的重量會增加」這件事。認為在燃燒時，空氣會被吸收，所以**燃燒後生成物會變重，都是因為吸收了空氣**。

之後，拉瓦節重複進行以高溫加熱氧化汞後，得到氧氣的實驗，確定於燃燒之際增加的重量與結合的氧氣量一致，藉此否定了過去的燃素論。

●於法國大革命犧牲的拉瓦節

拉瓦節明明很有錢，據說卻從來未曾自掏腰包購買實驗器材。而且，他當時的工作是被市民憎恨的稅務官，後來又擔任薪資極高的國有火藥公司管理人，將火藥移到負責保管與管理的兵器廠，也在兵器廠蓋了間雄偉的實驗室，進行各種實驗。對拉瓦節來說，實驗只是一種休閒活動，每週會有1天全心投入於實驗，他自己將其稱為「幸福的1天」。

等到法國大革命（1789年）爆發之後，擔任稅務官、為政府工作的拉瓦節被迫入獄。在西元1794年5月8日，於革命法庭因「對法國人民設下陰謀」這項罪名被判處死刑，當天就被送上斷頭台處死。

之後天文學者拉格朗日（Joseph－Louis Lagrange，西元1736～1813年）惋惜地說「只要一瞬間拉瓦節的頭就被砍了下來，但再過100年也找不到像他這麼優秀的腦袋了」。

普魯斯特的定比定律

——質量比例是固定的

●何謂定比定律？

繼拉瓦節之後的偉大化學發現就是「**定比定律**」。這項定律的內容如下。

—— 定比定律（普魯斯特）——
物質在進行化學反應時，
與反應有關的物質之質量比例是恆定的

與拉瓦節同為法國化學家的約瑟夫．普魯斯特（Joseph Louis Proust，西元1754～1826年）於1799年發現這個定律。

普魯斯特進行研究的時代與拉瓦節相同，都是在法國大革命正在如火如荼進行的時候，所以普魯斯特為了避開革命造成的混亂，曾暫時逃至西班牙避難。

若是根據他的說法，組成水H_2O的氫與氧的質量將維持1：8的比例。

圖 5-3-1 ● 物質質量的比例維持恆定

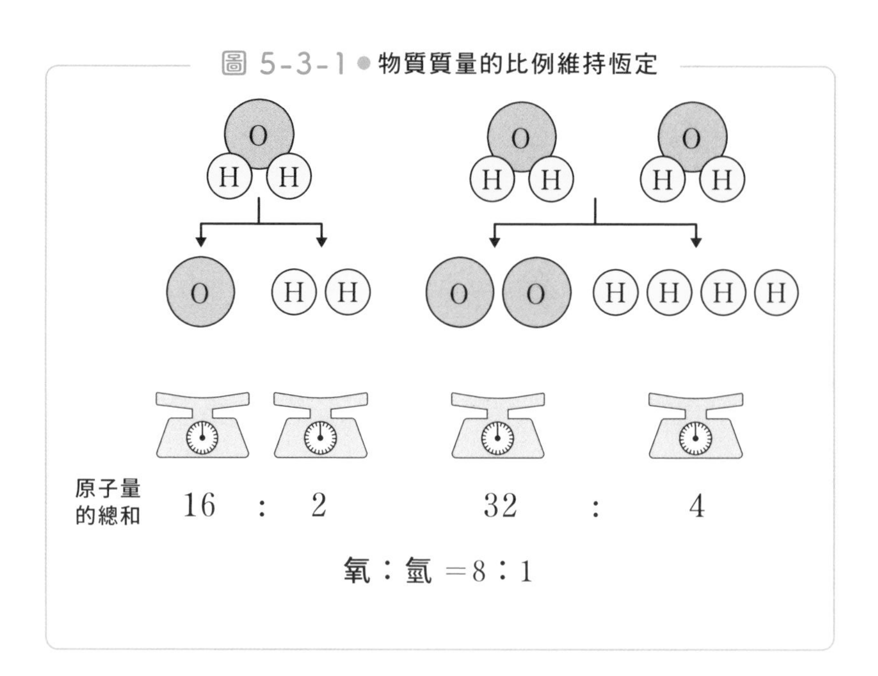

●被激烈排擠的普魯斯特

從小學開始就接受現代化學洗禮，熟悉原子、分子相關理論的我們當然會覺得這項定律理所當然。

但是，當時有許多學者強烈反對普魯斯特提出的定律。

反對者以礦物的組成為例，提出「組成化合物的元素比例會因礦物的產地以及製造方式而改變」這類說法反對普魯斯特。

因為當時還是**無法明確區分「混合物」與「化合物」的時代**，而且就算是氧化鐵，也分成FeO、Fe_2O_3，還有兩者的混合物Fe_3O_4，所以整個

普魯斯特

輿論風向都倒向反對者。

普魯斯特這邊則是以碳酸銅（$CuCO_3$）提出反證，因為不管是從礦物孔雀石取得的碳酸銅，還是於實驗室合成出來的碳酸銅，都會擁有相同的組成比例以及成分（組成物質的元素重量比，可以透過**分子式**說明）。

道耳頓的倍比定律與原子論

── 簡單的整數比

●何謂倍比定律？

劃時代的第3項定律則是在與法國一海之隔的英國發現。那就是，當2種元素要合成製作出2種以上的化合物時，將會發生如下的狀況。

> ── 倍比定律（道耳頓）──
>
> **這些化合物之中，當其中一方元素的質量（或重量）固定，**
>
> **則另一個元素的質量（或重量）**
>
> **將呈簡單整數比**

這個定律就是「**倍比定律**」。1802年，由英國化學家與物理學家的約翰．道耳頓（John Dalton，西元1766～1844年）發現了這項定律。

讓我們透過由碳與氧組成的2個化合物，也就是一氧化碳CO與二氧化碳CO_2（圖5－4－1）來了解這項定律。

一氧化碳的質量為28公克，二氧化碳的質量為44公克，兩者都含有等量的碳12公克。所以，在一氧化碳的28公克之中，含有16公克的氧，在二氧化碳的44公克之中，含有32公克的氧。

這意味著，碳含量相同的一氧化碳與二氧化碳，各自的氧質量比

圖 5-4-1 ● 道耳頓的倍比定律

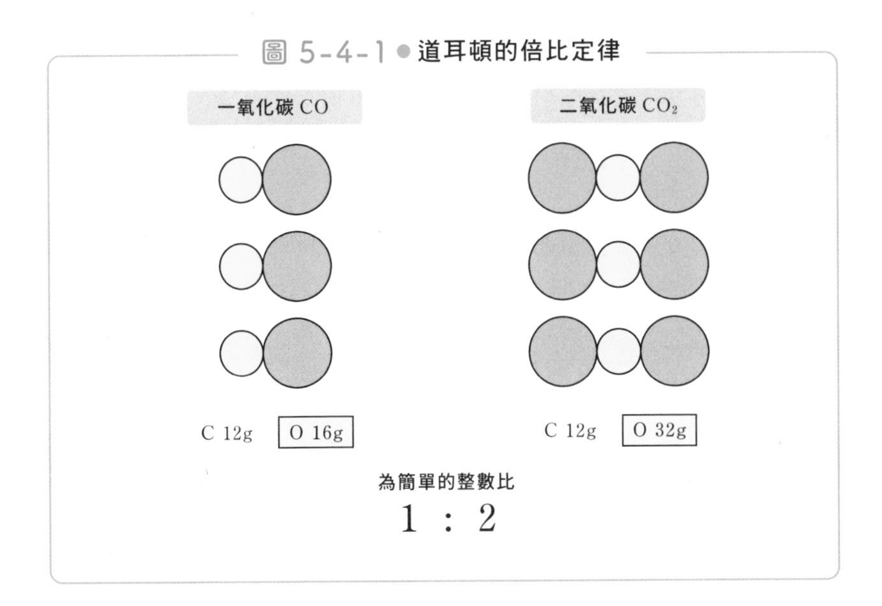

為1：2的意思。

在道耳頓的研究之中，最重要的研究就是**原子論**。他之所以能提出原子論，全因他在思考倍比定律為何成立之際，想到下列的內容。

——原子論（道耳頓）——

在質量比例固定的原子交互作用之下，

會發生化學反應

他在液體吸收氣體的論文之中，也提出了下列的說法。

「為什麼水不會以相同的量吸收各種氣體呢？我試著解開這項疑問之後發現，相信這應該與組成氣體的究極粒子之數量或是質量有關，只是我自己也還沒辦法完全認同這個結論」。

圖 5-4-2 ● 道耳頓提出的元素符號與化合物（分子）

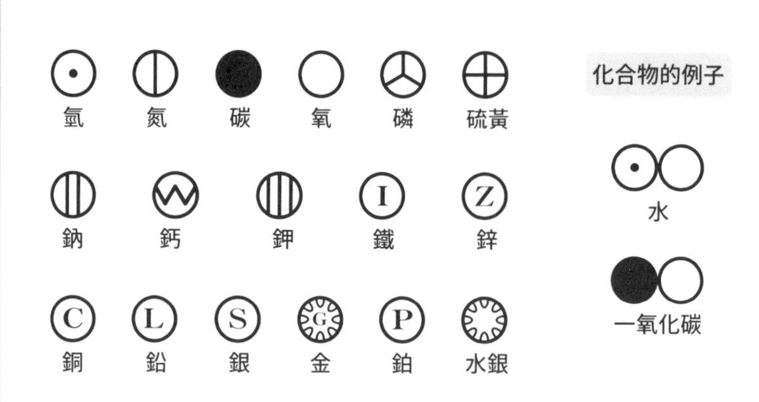

道耳頓的不幸

道耳頓在提出倍比定律之前，在科學界就是一位鼎鼎有名的人物，所以也有機會在倫敦的皇家研究院擔任講師。但他的口條不好，也不知道該如何講課，所以身為講師的他未能得到好評。

而且身為化學家的他有個難以彌補的缺陷，就是天生的色盲，他自己也知道這件事。

他曾形容自己：「對我來說，別人說的『紅色』只是比較亮的陰影，橘色、黃色與綠色都只是亮度不同的黃色」。

後來於1995年分析道耳頓被保存的眼球組織後，發現視錐細胞未能正常運作，所以無法接收中波長的光線，才導致他與生俱來的先天性色盲。

道耳頓

給呂薩克的氣體化合體積定律

——化合物的反應

●氣體化合體積定律（給呂薩克）

1808年，法國化學家**給呂薩克**（Joseph Louis Gay－Lussac，西元1778～1850年）發表了「**氣體化合體積定律**（Law of Combining Volumes）」。這個定律之所以成立是基於，當有2種以上的氣體物質產生的化學反應，主要的內容如下。

—— 氣體化合體積定律（給呂薩克）——

在同溫、同壓的條件下，

反應物與生成物的氣體體積

呈簡單整數比

光是上述的定義應該還是很難理解，但輔以舉例說明的話，應該會比較容易了解這個定律說的是什麼意思。比方說，在先前提過的化學反應

$$2H_2 + O_2 \rightarrow 2H_2O$$

之中，2容積的氫與1容積的氧產生反應之後，可產生2容積的水蒸氣。可得出氫與氧的比例為2：1，這種簡單的整數比。

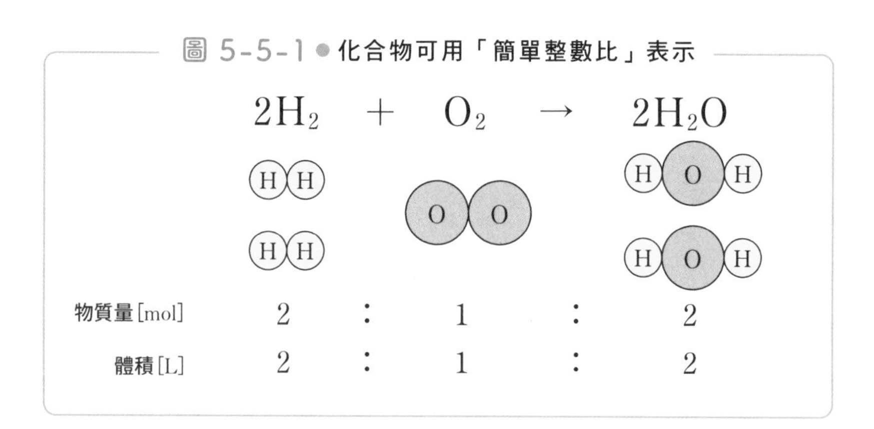

●也留名於酒精濃度

給呂薩克是於法國利摩日近郊的家庭出生以及接受教育，但是他的父親卻在法國大革命時期，於政治家羅伯斯比爾的恐怖政治之下，在1794年成為政治犧牲品，也因此被迫入獄。所以給呂薩克便去巴黎，進入巴黎綜合理工學院（中央公共工程學院），展開研究生活。

給呂薩克也是說明「氣體體積與溫度的相關性」的查理定律的發現者之一。此外，在日本通用的「**酒精濃度**」（酒精飲料的乙醇度數）在某些國家會稱為「給呂薩克度數」，因為給呂薩克也曾經研究過水與酒精的混合方式。

此外，給呂薩克的夫人曾於布料店工作。聽說給呂薩克看到她在店鋪櫃台上閱讀化學教科書的樣子，才找藉口認識了她。

給呂薩克

*　*　*

當拉瓦節、普魯斯特、道耳頓、

給呂薩克以量化的方式測量化學反應之後，「以量化手法進行實驗與尋找定律」的概念也逐漸明朗，「**原子**」與「分子」也以「1個、2個」這種可計數的姿態慢慢地於化學家面前現身。

近代化學也即將揭開序幕。

看教科書也不懂的「原子、分子跟元素的差異」？

—— 常見的疑問

翻開化學教科書，常常可以看到「**分子**」這個字眼，而大部分的教科書都會如下一般解釋「分子」。

「不斷分割水這類純粹的物質，最後會得到『無法再次分割的微粒子』，而這就是所謂的『分子』。」

不過，在這個說明分子定義的旁邊，也會寫著「分子是由原子組成的」。

而且看了本書下一章的內容之後就會發現，原本的元素週期表只有 100 種的「元素」，但是新的化學課本卻看到有 118 種的版本（因為找到越來越多元素）。

到底原子、分子、元素是什麼？這三者又有什麼差異呢？

●原子與分子

原子與分子的關係算是簡單明瞭的。原子是物質，而所謂的物質就是指質量與體積有限的東西。我們都知道，「精神」是沒有質量與體積的，所以精神不是物質。

①希臘原子論定義的「原子」是什麼？

提到原子，就讓人想起古希臘的原子論。古希臘哲學家主張「所有的物質都是由原子組成的」。

不過，一如「質化與量化」的章節所提到的，這些古希臘哲學家並未進行任何實驗（量化實驗）。這些古希臘哲學家在當時相當於高級遊民，常被有錢人奉為食客，整天只會橫躺在躺椅上，一邊咀嚼著鷹嘴豆、一邊喝著紅酒，不過只是舉止優雅地空談著。

某天，知名哲學家蘇格拉底（西元前470左右～西元前399年）召來年輕的弟子，在自家附近開始哲學討論。蘇格拉底的老婆贊西佩（非常有名的悍妻）是信奉唯物論的人，對於哲學這類莫名其妙的理論一點興趣也沒有。

才剛開始交流，贊西佩就抱怨「你們這群人夠了沒？」但蘇格拉底似乎不打算散會，氣到忍無可忍的贊西佩便朝蘇格拉底的頭上淋了一桶水。

圖 5-6-1 ● 四元素論只是「質化」的思想

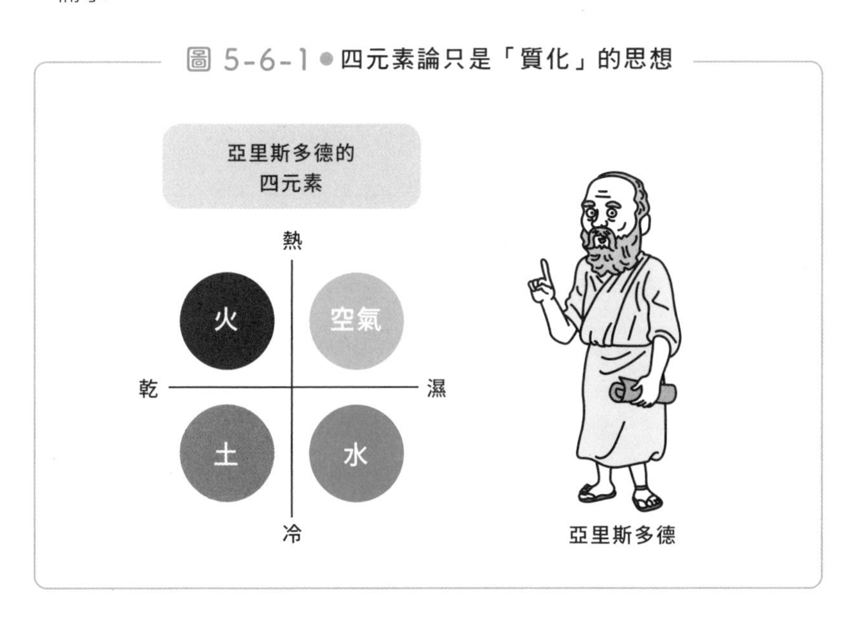

不過，蘇格拉底真不愧是大哲學家，他居然一臉淡然地說「各位，打雷之後，總是會跟著下雨對吧？」

換言之，希臘原子論的原子只是虛幻的產物。真要說的話，四元素論應該比較貼近物質的性質，會讓人想到「土、水、空氣、火」這些性質。

②分子保有「性質」

雖然原子與分子都是「無法再分割的微粒子」，但要稱為「**分子**」，必須符合某1個條件，那就是下方的這個條件。

— 所謂分子 —

就是保留該物質之性質的微粒子

比方說，水的分子具有水的性質，砂糖的分子保留了砂糖的性質，至於麵包的話……麵包是混合物，不是純粹的物質，所以沒有名為「麵包分子」的這種東西。

分子雖然可以繼續分割，但分割之後的微粒子卻沒有物質原有的性質，因此

— 所謂原子 —

就是從分子分割而來的微粒子

這就是所謂的「**原子**」。

水的分子在分解之後，會成為3個原子，也就是2個氫原子與1個氧原子。水（分子）具有各種屬於水的性質，但是從水分子分解而來的氫原子與氧原子則不具備任何水的性質。

換言之，分子與原子的差異就在這裡。

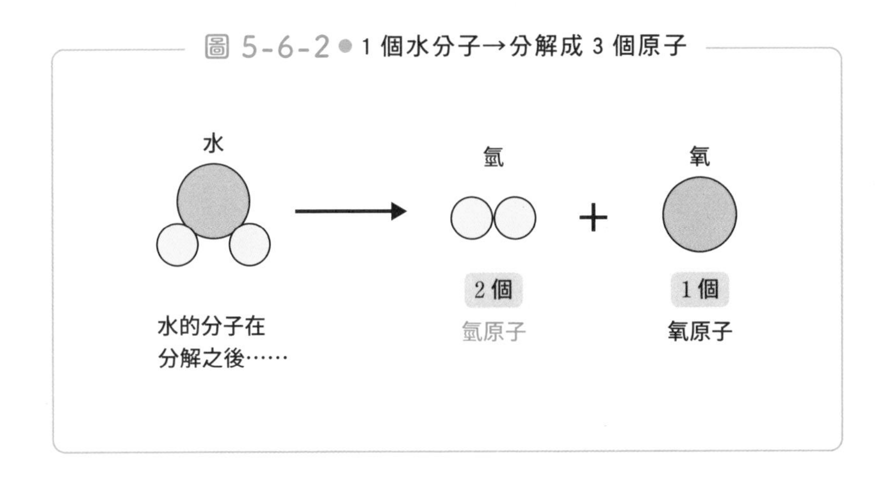

圖 5-6-2 ● 1 個水分子→分解成 3 個原子

原子與元素的差異又是什麼？

比起原子與分子的關係，更讓人理不清的是「原子與元素」的差異。組成水分子的微粒子是氫原子，但在週期表出現的不是原子，而是「**元素**」。

氫原子與氫元素的符號H為「元素符號」。雖然很想直接說成「原子符號」，但現況並非如此。到底原子與元素有什麼不同呢？

「原子」是將微粒子看成1個、2個粒子時的名稱，所以原子是粒子在物質上的名稱。

反觀「元素」則是具有相同性質或反應性的原子之統稱，**「原子」是用來說明粒子這種具體物質的字眼，「元素」則屬於概念性的名詞**。

比方說，我們要稱呼某個人的時候，會說成「許先生、王先生」，而這種稱呼就相當於「原子」。

但是，當範圍放大至所有「台灣人」的時候，就是說成「台灣人會……」這種說法，而此時的「台灣人」就相當於「元素」。

關於「原子」與「元素」的部分，會在之後介紹放射性元素的時候，再說得更加清楚一些。

●元素的種類

由此可知，現代化學將原子與元素分開討論。在此再度重複一次，「原子為物質的名稱」，「元素為概念的名稱」。但一直等到十九世紀之後，人們才真的能夠釐清這兩者的差異，在此之前，原子與元素經常被混為一談。

所以才會出現「木炭之所以能夠燃燒，是因為碳原子（碳素）與燃燒的原子（燃素）結合」這種荒誕無稽的說明。

這或許與光子的粒子性與波動性在二十世紀得到證實之前，曾有許多人認為「宇宙充滿了**以太**（Aether）這種元素（？）」的思維非常相似。

十九世紀時，還停留在只知道自然界有「90種元素」（現在有118種）。不過，同時期的居禮夫妻也想證實「原子的種類超過幾百種」這件事。

讓我們試著推開另一扇化學的大門吧！

門德列夫的「空格」靈感

—— 發明元素週期表

「**週期表**」是俄羅斯的化學家德米特里．門得列夫（Dmitri Mendeleev，西元1834～1907年）於1869年發表的結果，有點像是元素的身家調查表。

只要看著這張週期表，就能知道哪些元素具有哪些性質與反應性，並且具有相當的準確度。在化學的世界裡，週期表是絕對不可或缺的。

●週期表的基礎就是重複「相似的東西」

週期表是以原子量大小為標準，依序排列元素的表格。但問題在於排列原子的時候，該在何處折返。

最能說明這個問題的例子就是月曆。我們都知道，月曆在排列1個月的日期時，會每「7天」折返1次，而且是由左至右排列，直欄的名稱則是星期日、星期一、星期二……這樣命名。

假設3號、10號是屬於星期日群組的日子，那麼不管是哪一天，都是不用上學的快樂日；反之，星期一就是得上學的憂鬱日。

週期表的規則與月曆一樣。基本上週期表在依照原子量排列元素時，會在第18個元素的位置折返，一樣也是由左至右的排列順序，而且每個直欄都被命名1族、2族、3族、直至18族為止。

以這種規則將元素分門別類之後，就會發現「同族」的元素會具有相似的性質。

●元素的週期性

此外，基本上元素的大小（原子半徑）有由左至右遞減的週期性，折返至下一行（週期）之後又會突然變大一級，也一樣有元素大小由左至右遞減的週期性。這種週期性也在其他地方發現。

能簡單明瞭地說明元素性質，而且完成度極高的週期表也被譽為「化學的聖經」。

到了現代之後，週期表常在化學的各種領域用於分類與歸納反應結果，或是用來比較反應結果。而且除了化學之外，許多物理學、生物學以及其他理工領域的定律都會用到週期表。

也是因為週期表如此好用，所以在週期表發明之後，化學家就將這張週期表牢牢印在腦袋裡面。即使是剛開始學習化學的初學者，就算忘掉其他東西，也絕對要記住這張週期表。

●在週期表中保留「空格」的靈感

雖然週期表毫無疑問的，是由門得列夫所發明。但門得列夫只排列了元素，真正耗費時間與精力調查元素的性質與反應性的人，是其他的化學家。所以嚴格來說，週期表是歷代的煉金術師、化學家、物理學家以及其他無數位科學家的智慧結晶。

以分析六角形苯環而聲名大噪的德國化學家凱庫勒（August Kekulé，西元1829～1896年）在1860年以「測量元素的質量」的主旨，舉辦了歷史上第一次的國際化學家會議。

圖 5-7-1 ●門得列夫的週期表

THE PERIODICITY OF THE ELEMENTS

The Elements	Their Properties in the Free State				The Composition of the Hydrogen and Organo-metallic Compounds	Symbols and Atomic Weights		The Composition of the Saline Oxides	The Properties of the Saline Oxides				Small Periods or Series
	t	a	d	$\frac{A}{d}$	RH_m or $R(CH_3)_m$	R	A	R_2O_n	$d'\frac{(2A+n'16)}{d'}V$				
	[1]	[2]	[3]	[4]	[5]	[6]		[7]		[8]	[9]	[10]	[11]
Hydrogen	<−200°	—	<0·05>	20	m = 1	H	1	1 = n		0·917	19·6	<−20	1
Lithium	180°	—	0·59	12		Li	7	1†		2·0	15	− 9	2
Beryllium	(900°)	—	1·64	5·5		Be	9	— 2		3·06	16·3	+ 2·6	
Boron	(1300°)	—	2·5	4·4	3 — —	B	11	— — 3		1·8	39	10	
Carbon	>(2500°)	—	<2·0 >	6	4 — — —	C	12	— — — 4		>1·0	<88	<19	
Nitrogen	−203°	—	<0·7 >	20	3 — —	N	14	1 — 3* — 5*		1·64	66	< 5	
Oxygen	<−200°	—	<1·0 >	16	2 —	O	16			—	—	—	
Fluorine	—	—	—	—	1	F	19			—	—	—	
Sodium	96°	071	0·98	23	1	Na	23	1†	Na_2O	2·6	24	−22	3
Magnesium	500°	027	1·74	14	2 —	Mg	24	— 2†		3·6	22	− 3	
Aluminium	600°	023	2·6	11	3 — —	Al	27	— — 3	Al_2O_3	4·0	26	+ 1·3	
Silicon	(1200°)	008	2·3	12	4 — — —	Si	28	— — 3 4		2·65	45	5·2	
Phosphorus	44°	128	2·2	14	3 — —	P	31	1 — 3* 4* 5*		2·39	59	6·2	
Sulphur	114°	067	2·07	15	2 —	S	32	— 2 — 4* 5* 6*		1·96	82	8·7	
Chlorine	−75°	—	1·3	27	1	Cl	35½	1 — 3 — 5* — 7*		—	—	—	
Potassium	58°	084	0·87	45		K	39	1†		2·7	35	−55	4
Calcium	(800°)	—	1·6	25		Ca	40	— 2†		3·15	36	− 7	
Scandium	—	—	(2·5)	(18)		Sc	44	— — 3†		3·86	35	(0)	
Titanium	(2500°)	—	(5·1)	(9·4)		Ti	48	— — 3 4		4·2	38	(+5)	
Vanadium	(2000°)	—	5·5	9·2		V	51	— 2 3 4 5		3·49	52	6·7	
Chromium	(2000°)	—	5·5	8·0		Cr	52	— 2 3 — — 6*		2·74	73	9·5	
Manganese	(1500°)	—	7·5	7·3		Mn	55	— 2† 3 4 — 6* 7*		—	—	—	
Iron	1400°	012	7·8	7·2		Fe	56	— 2† 3 — — 6*		—	—	—	
Cobalt	(1400°)	013	8·6	6·8		Co	58½	— 2† 3 4		—	—	—	
Nickel	1350°	017	8·7	6·8		Ni	59	— 2† 3		—	—	—	
Copper	1054°	029	8·8	7·2		Cu	63	1† 2†	Cu_2O	5·9	24	9·8	5
Zinc	432°	—	7·1	9·2	2 —	Zn	65	— 2†		5·7	28	4·8	
Gallium	30°	—	5·96	12	3 — —	Ga	70	— — 3	Ga_2O_3	(5·1)	(36)	(4·0)	
Germanium	900°	—	5·47	13	4 — — —	Ge	72	— 2 — 4		4·7	44	4·5	
Arsenic	500°	006	5·7	13	3 — —	As	75	— — 3 — 5*		4·1	56	6·0	
Selenium	217°	—	4·8	16	2 —	Se	79	— — — 4 — 6*		—	—	—	
Bromine	−7°	—	3·1	26	1	Br	80	1 — — — 5* — 7*		—	—	—	
Rubidium	39°	—	1·5	57		Rb	85	1†		—	—	—	6
Strontium	(600°)	—	2·5	35		Sr	87	— 2†		4·3	48	−11	
Yttrium	—	—	(3·4)	(26)		Y	89	— — 3†		5·05	45	(−2)	
Zirconium	(1500°)	—	4·1	22		Zr	90	— — — 4		5·7	43	−0·2	
Niobium	—	—	7·1	13		Nb	94	— — 3 — 5*		4·7	57	+6·2	
Molybdenum	—	—	8·6	12		Mo	96	— 2 3 4 — 6*		4·4	65	6·8	
						(1)							
Ruthenium	(2000°)	010	12·2	8·4		Ru	103	— 2 3 4 — 6 — 8		—	—	—	
Rhodium	(1900°)	008	12·1	8·6		Rh	104	— 2 3 4 — 6		—	—	—	
Palladium	1500°	012	11·4	8·3		Pd	106	1† 2 — 4		—	—	—	
Silver	950°	019	10·5	10		Ag	108	1†	Ag_2O	7·5	31	11	7
Cadmium	320°	031	8·6	13	2 —	Cd	112	— 2†		8·15	31	2·5	
Indium	176°	046	7·4	14	3 — —	In	113	— 2 3	In_2O_3	7·18	38	2·7	
Tin	230°	023	7·2	16	4 — — —	Sn	118	— 2 — 4		6·95	43	2·8	
Antimony	432°	012	6·7	18	3 — —	Sb	120	— — 3 4 5		6·5	49	2·6	8
Tellurium	455°	017	6·4	20	2 —	Te	125	— — — 4 — 6*		5·1	68	4·7	
Iodine	114°	—	4·9	26	1	I	127	1 — 3 — 5* — 7*		—	—	—	
Cæsium	27°	—	1·88	71		Cs	133	1†		—	—	—	
Barium	—	—	3·75	36		Ba	137	— 2†		5·1	60	−6·0	
Lanthanum	(600°)	—	6·1	23		La	138	— — 3†		6·5	50	+1·3	
Cerium	(700°)	—	6·6	21		Ce	140	— — 3 4		6·74	50	2·0	
Didymium	(800°)	—	6·5	22		Di	142	— — 3 — 5		—	—	—	
						(14)							
Ytterbium	—	—	(6·9)	(25)		Yb	173	— — 3		9·18	43	(−2)	10
						(1)							
Tantalum	—	—	10·4	18		Ta	182	— — — — 5		7·5	59	4·6	
Tungsten	(1500°)	—	19·1	9·6		W	184	— — — 4 — 6		6·9	67	8	
						(1)							
Osmium	(2500°)	007	22·5	8·5		Os	191	— — 3 4 — 6 — 8		—	—	—	
Iridium	2000°	007	22·4	8·6		Ir	193	— — 3 4 — 6		—	—	—	
Platinum	1775°	005	21·5	9·2		Pt	196	— 2 — 4		—	—	—	
Gold	1045°	014	19·3	10		Au	198	1 — 3	Au_2O	(12·5)	(33)	(13)	11
Mercury	−39°	—	13·6	15	2 —	Hg	200	1† 2†		11·1	39	4·5	
Thallium	294°	031	11·8	17	3 — —	Tl	204	1† — 3	Tl_2O_3	(9·7)	(47)	(4·3)	
Lead	326°	029	11·3	18	4 — — —	Pb	206	— 2† — 4		8·9	53	4·2	
Bismuth	268°	014	9·8	21	3 — —	Bi	208	— — 3 — 5		—	—	—	
						(5)							
Thorium	—	—	11·1	21		Th	232	— — — 4		9·86	54	2·0	12
						(1)							
Uranium	(800°)	—	18·7	13		U	240	— — — 4 — 6		(7·2)	(80)	(9)	

會中一名義大利化學家**主張「應該重視原子量」**，提出以原子量決定的方法。門得列夫既是俄羅斯教師又是化學家，他出席這場會議之後，受到這個提議的影響。

後續門得列夫在撰寫化學教科書的時候傷透腦筋，不停思索如何才能有系統地說明增加至63個的元素。

他從自己喜歡的卡片遊戲想到將元素名稱寫在卡片上，又不斷地依照原子量的順序排列這些寫了元素名稱的卡片之後，總算製作出一張表格。

這張表格是依原子價大小所排出。門得列夫也在此時進行了一項非常重要的嘗試，那就是為在表格中，保留一些適當的地方，給尚未出現的元素標記上類硼（eka－boron）、類鋁（eka－aluminum）、類矽（eka－silicon）這類臨時的名稱（「eka」在梵文之中的意思是「1」這個數詞），藉此預留空格。這張表在1870年的德國科學雜誌發表之後，成為最初的週期表。

之後，當然所有人競相尋找能填入這些空格的元素。而當時尋找的線索就是，這張「週期表」所預測的新元素性質與反應性。

5-8

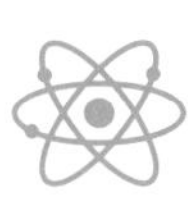

元素A有可能變成元素B嗎？

—— 放射性元素與煉金術

在過去曾有很長一段時間，「元素恆定不變」的說法為眾人接受，但煉金術師深信，只要有「賢者之石」，就能讓賤金屬轉變成黃金，背後的意思是讓一種元素轉換成其他元素。元素真的絕對不會變嗎？還是說會在特定條件之下改變呢？

為這個問題推開解決大門的，就是**放射性元素**的發現。

●倫琴發現放射線

1895年，德國化學家倫琴（Wilhelm Conrad Röntgen，西元1845～1923年）發現被譽為「新光線」的**X光**。X光能穿透手掌的肉，在感光板上面顯現出骨頭的影像，因而在當時引起了極大的轟動。

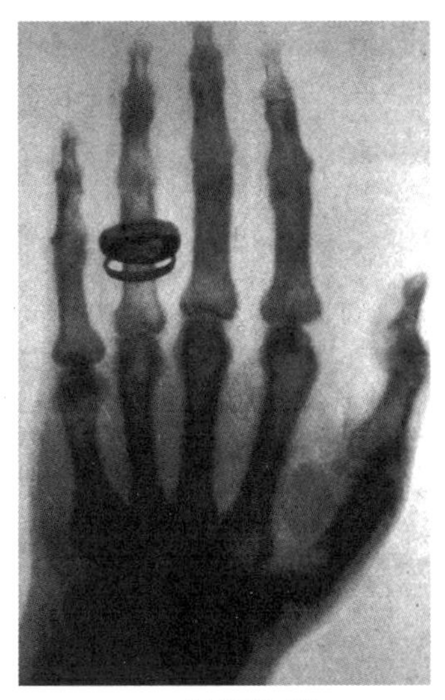

以X光拍攝的手掌

當真空放電管發出螢光之後，X光就會從真空放電管的玻璃放射。得知這個現象的法國科學家貝克勒（Henri Becquerel， 西 元1852 ～

1908年），認為調查發出強烈螢光物質的話，或許便能找到X光這類的放射線，他後來也利用鈾U的化合物證實了這個想法。

最終，在1896年確認鈾會發出X光這項事實，因為鈾鹽與放在桌子抽屜的感光板一起顯影時，鈾鹽的深色影子也跟著顯影。

●以量化手法測量X光的居禮夫婦

瑪麗．居禮（居禮夫人，西元1867～1934年）是關注貝克勒研究成果的眾多科學家之一。當時是以感光板的黑化程度以及驗電器鋁箔的關閉速度，去測量X光的量。

瑪麗．居禮為了以量化手法測量鈾的影響，使用了嶄新的方法。利用她的丈夫皮耶．居禮（西元1859～1906年）發明的水晶壓電測量儀，測量放射線在接觸到空氣之後放出的微弱電流。

圖 5-8-1 ● 居禮夫婦使用的放射能測量系統（示意圖）

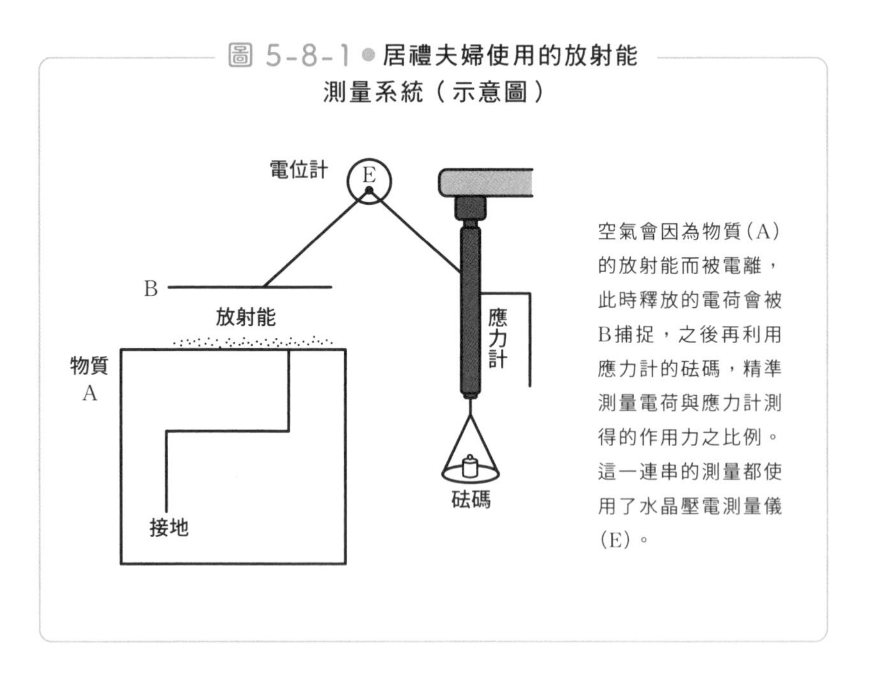

實驗發現，鈾化合物的活性只會與含鈾量成正比，她便認為放射線源自鈾原子。此外，瑪麗也發現釷 Th 這個元素擁有相同的性質，便將這種性質命名為**放射能**。

瑪麗在經歷丈夫居禮死於馬車交通意外之後，於1898年找到了鐳 Rd 與釙 Po 這兩個具有放射能的新元素，而放射性元素的發現也推開了二十世紀的原子核時代的大門。

●放射線的種類：α 射線與 β 射線

鐳的出現之後，放射能的研究便迎來令人驚豔的進展。1899年發現，鐳的放射線分成好幾種，**拉塞福**（Ernest Rutherford，西元1871～1937年）將穿透力較小的放射線稱為**α 射線**，並將穿透力較大的放射線稱為**β 射線**。

此外，拉塞福也發現，釷會產生放射性氣體（Thorium emanation，英文簡稱 Th Em，日後稱為釷射氣）。

居禮夫婦提出 β 射線之所以會因磁場而扭曲，是因為 β 射線帶有負電荷，認為負電荷的粒子是從鐳不斷放出的。

另一方面，拉塞福也試著以強力的磁場扭曲 α 射線，結果發現 α 射線是帶有正電荷的帶電粒子（1902年）。

●煉金術師的夢想實現

拉塞福偶然發現氫氧化釷過濾之後的濾液反而擁有更強的放射能，也因此大吃一驚，而且氫氧化釷的放射能也變弱。他從濾液分離出與釷不同的放射性物質，並將這個放射性物質命名為釷 X。

不過，時間一久，他卻發現釷的放射能恢復原本的水準，而釷 X 卻失去放射能，因此拉塞福便覺得，釷有可能轉換成釷 X，然後釷 X

有可能轉換成釷射氣，釷射氣再轉換成誘發放射性沉澱物。

拉塞福在《放射性變化》（Radioactive Change，1903年）這篇論文列出了原子轉換的系列圖，也提出了下列的主張。他認為，「放射性物質可轉換成其他物質，並在過程中放出放射線」，這與現代的見解可說是百分之百吻合。

在這個瞬間，元素不再是永恆不變的存在，而且拉塞福在1919年發現以α射線衝擊氮的原子核之後，會產生氧原子這個現象。**這個現象間接證明煉金術師的主張是正確無誤的**。

不過，拉塞福的主張一直要等到原子的構造進一步釐清之後，才得到認同。

原子到底是什麼形狀？

——初期的原子模型

隨著**定量分析化學**的發展，「原子的粒子性」也漸漸明朗，而當化學家發現放射性元素，「原子會轉換成其他原子」的現象便得以證實。一時間，到底原子是有著什麼樣的構造呢？也讓人們對原子更加好奇不已。

●初期原子論的時代

二十世紀初期的原子構造，還如同霧裡看花般地迷濛。當時只知道原子有帶正電與負電的部分，這2種的電荷數量是勢均力敵的，所以原子呈電中性。

之後又因為放射性元素的研究得知，原子之中肯定有某種物質，就像是相當於帶負電荷的β射線，以及帶正電的α射線。可見當時的時代，還不知道有原子核與電子的存在。

在理論物理學帶來革命性創新的愛因斯坦（西元1879～1955年），是於1905年發表狹義相對論，而廣義相對論則是於1915年發表。與相對論同時間發展的是在日後對化學造成決定性影響的「**量子理論**」。

之後，不到40年的時間，原子彈便於1945年在廣島與長崎爆發。不由自主地讓人聯想到，擔任奈良女子大學數學教授的岡潔曾說過下面這段話：「數學家就像是農民。農民在大地播種後，就只能聽天由命。如果為了讓種子快點茁壯而不斷澆水，種子的根部就會爛掉；如果過度施肥，也會傷害根部。反觀物理學家就像是木工，只要有木板跟釘子，一個晚上就能建造一間房子（結果就是造成原子彈在日本爆炸）」。

一切就完全如岡潔所說的，而我不禁覺得現在的化學家，也正準備成為岡潔口中的木工。

日文譯成「葡萄乾麵包模型」的「李子布丁模型」

在1904年，非常知名的物理學家J．J．湯姆森（Joseph John Thomson，西元1856～1940年）提出原子模型，帶有負電荷的粒子就像是在帶電的球體內部自由運動一般。

這個原子模型的英文為「Plum Pudding Model」（李子布丁模型）。用以命名的甜點，成品是道遍布著堅硬梅子的點心。

不過，當時的日本人並沒有對英式布丁與李子的概念，因此翻譯家在經過幾番苦思之後，決定改譯為「葡萄乾麵包」。

明治時代有一句川柳（日本新詩之一，常用於諷刺時事）曾說道：「Goethe這個發音是在叫我，還是在叫歌德」。這首川柳是在揶揄明明日文只要直接翻譯成「歌德」即可，偏偏還要加個括號另外標註上「Goethe」的發音。翻譯還真是一門困難的學問啊。

讓我們將話題拉回湯姆森的模型吧。根據湯姆森的說法，電子在帶有正電荷的球的內部自由地運動。由於英國人常吃柔軟的英式布丁，所以才會想到這種比喻。但是將布丁換成葡萄乾麵包，將麵包體比喻成帶有正電荷的空間，以及將葡萄乾比喻成在這個空間自由運動的電子，這些都讓人實在難以想像出原子的構造。

此時**長岡半太郎**（西元1865～1950年）也在研究原子的構造。於是他在1903年提出主張，將原子的構造比喻成土星模型一般，也就是在帶有正電荷的粒子周圍，有許多電子圍繞著，圍繞的方式就像是土星環。

圖 5-9-1 ● 湯姆森、長岡的模型

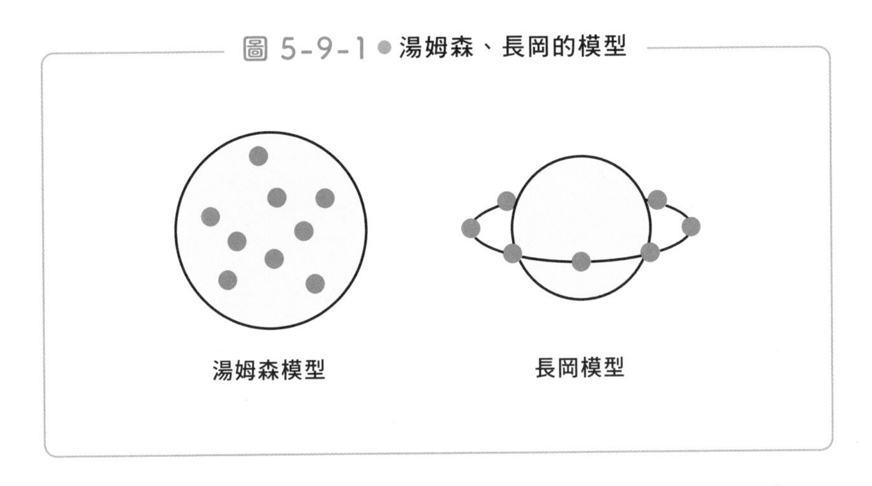

●拉塞福的行星模型

在各界不斷發表原子模型的時候，拉塞福進行了一項有趣的實驗，他以α射線照射金箔，再調查是否會有異狀。結果發現，大部分的α射線都能順利穿過金箔，大概2000次才出現1次α射線大幅轉彎或是反彈的現象。

假設金箔的金原子排列方式是呈現密密麻麻的狀態，那麼這個實驗結果就意味著「原子的內部充滿間隙」；不過，內部也要剛好有「密度很大的部分」，所以剛好撞到這個部分的α射線才會反彈。

拉塞福的這個結果否定了他恩師湯姆森所提出的李子布丁模型。拉塞福也在1911年，根據這個實驗結果提出了原子的模型。他認為，幾乎占據原子所有質量的粒子又小又重，而且還帶有正電荷，有許多電子在這個粒子周圍，呈圓周運動繞行。

圖 5-9-2 ● 拉塞福的模型

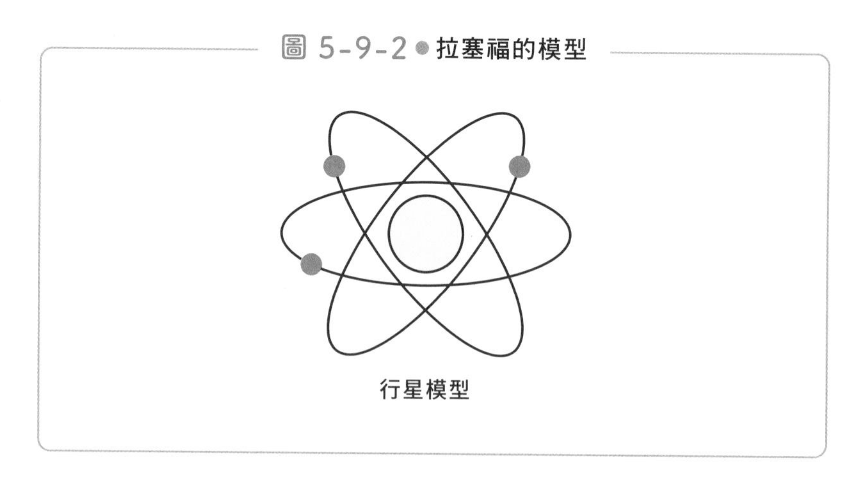

若是撇除位居核心的正電荷粒子的大小，這個模型與長岡提出的模型可說是非常相似。

於是，化學界總算有機會釐清被譽為「萬物根本」的原子形狀。

第6章

吸納量子理論的新化學

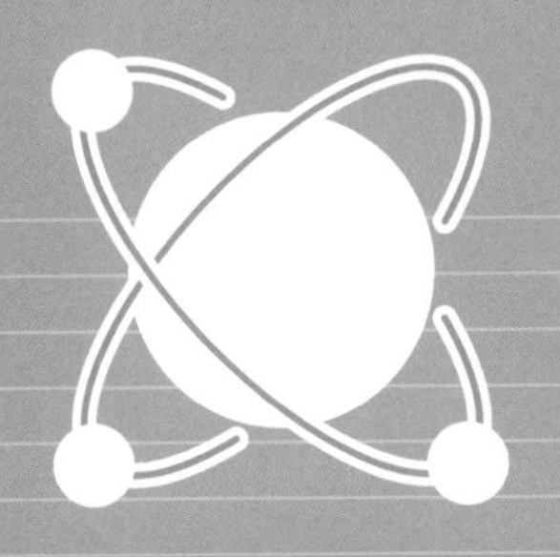

所有的物質都具有「粒子性與波動性」

── 量子理論的指摘

●相對論與量子理論同時出現！

從西元1900到後續20多年的這段時間，不只是以科學史而言，甚至放眼人類史來看也是相當特別的時代，讓所有人留下深刻的記憶。因為「相對論」與「量子理論」在這段時期同時出現，這2項理論是對日後的物理學造成決定性影響的偉大理論。

不過，這2大理論的出現與成長的方向，卻是大相逕庭。相對論是由愛因斯坦這位物理巨人獨力提出；而量子理論卻很難斷定是由誰最先提出，因為當量子理論剛有雛型之後，便不斷地有人接續著補強與繼承後續的理論基礎，量子理論就在這樣的情況下慢慢成形。

●大爆發的「知識寒武紀」

在生物的演化歷史之中，有一段稱為「寒武紀」的時代，這個時代差不多落在距今5億4000萬年到4億8000萬年前左右，有許多與之前的生物型態完全不同的生物也在這個時代出現，例如有的生物長了3隻眼睛，有的則是從頭部長出腳。

完全可以將量子理論的成長過程比喻成「知識寒武紀」。於1905年出現的**相對論**（狹義相對論）所具有的威力，足以改寫向來被奉為聖經的牛頓力學。

不過，於同時期出現的**量子理論**卻具有，幾乎能讓相對論灰飛煙滅的威力，是一堆超前衛理論之集大成。

與「相對論」相較之下，「量子理論」一點也不花俏，卻是支撐現代粒子理論的骨幹，也是比相對論「更高瞻遠矚」的理論。

更重要的是，粒子理論還是為現代化學打底的「量子化學」之基礎理論。

●光到底是波還是粒子？

在當時最具劃時代意義的主張就是由法國科學家德布羅意（Louis de Broglie，西元1892～1987年）於1924年提出的「物質波」。在當時，這項主張實在太過前衛，所以德布羅意在發表後遲遲未能得到青睞。

德布羅意之所以會想到物質波，全是因為電子與光的一連串實驗結果。

①透過霧室證明「電子即粒子」

為電子相關領域帶來劃時代發現的，是被稱為「霧室（Cloud chamber）」的實驗裝置。「霧室」是在真空的箱子之中，讓其中瀰漫著顆粒大小一致蒸氣的裝置。雖然蒸氣的粒子會隨著重力落下，但因為這些粒子的大小一致，所以落下的速度也是近乎恆定的 V。

在霧室通電之後，蒸氣粒子掉落的速度就會產生不連續的變化，也就是 $V+v$、$V+2v$、$V+3v$ 這種以 v 為單位的不連續變化。

蒸氣粒子掉落的速度之所以會變快，是因為附著在蒸氣粒子的電子受到陽極的靜電引力影響。而掉落的速度之所以會出現 v、$2v$、$3v$

圖 6-1-1 ● 霧室之中的蒸氣粒子會不斷地改變掉落的速度

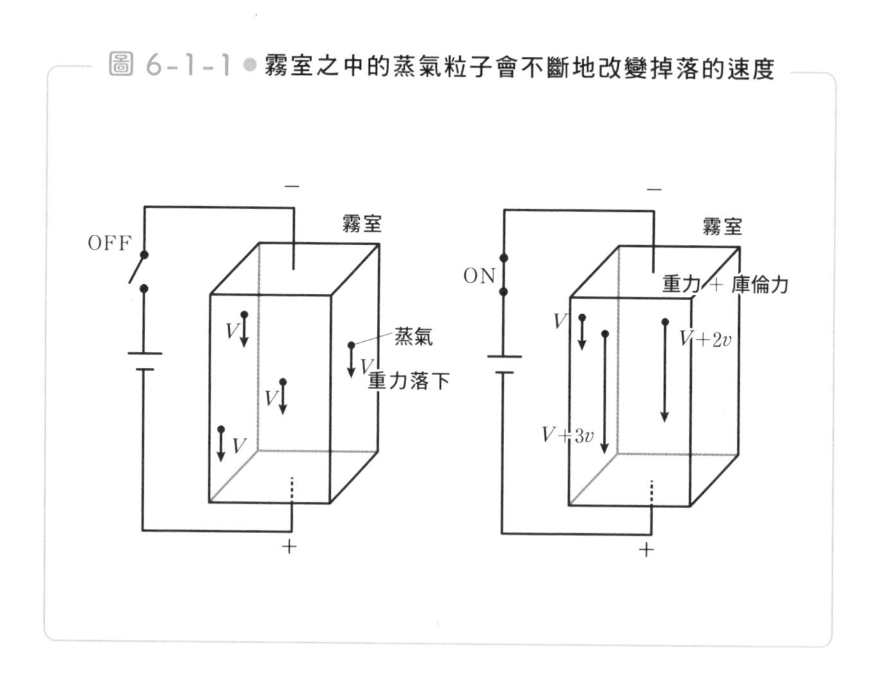

這種等量的變化，代表1個蒸氣粒子帶有1個、2個或3個電子，而這就是**證明電子即粒子的證據**。

②因光電管得到的「光即粒子」的結果

帶來下一個啟發的是光電管的實驗。光電管是真空管的一種，這個裝置只要從外部用光線照射陰極以刺激電子，當電子撞擊陽極就會產生電流。於後來的實驗中也發現到，照射的光量與電流之間成正比的現象。

從這個現象可斷定流動的電子個數與光的個數成正比，**也得到光與電子一樣，都具有粒子性這個結果**。不過，在得到這個結果之前，所有人都認為光是具有波長 λ（Lambda）與振動頻率 ν（Nu）的波。

圖 6-1-2●透過光電管的實驗得知「光為粒子」

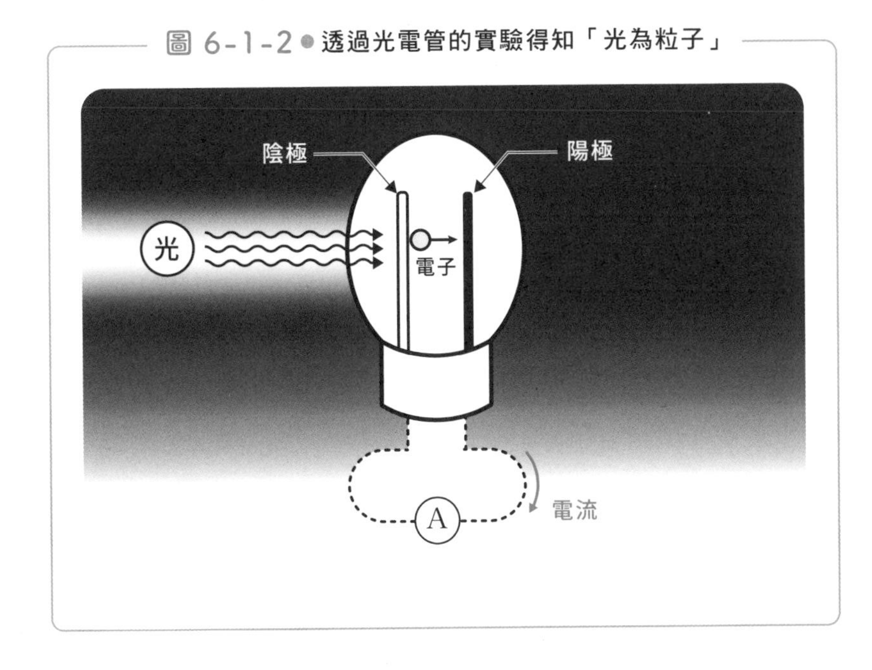

③同時具有粒子性與波動性

得知上述的2項結果之後，德布羅意認為「所有的物質都具有粒子與波（波動）這2個面向」。

因為是波，所以應該有波長λ。根據德布羅意的說法，這個波長可透過下列的公式求出。

$$\lambda = \frac{h}{mv}$$

λ：物質（粒子）的波長［m］

h：普朗克常數＝6.6×10^{-34} ［J・秒］

m：物質（粒子）的質量 ［kg］

v：物質（粒子）的速度 ［m/秒］

從分母與分子來看這個公式，可以得到

・物質的質量越大、速度越快

　　→波長越短

・物質的質量越輕、速度越慢

　　→波長越長

以上的這個結果。

圖 6-1-3 ● 光的粒子性與波動性的相關性

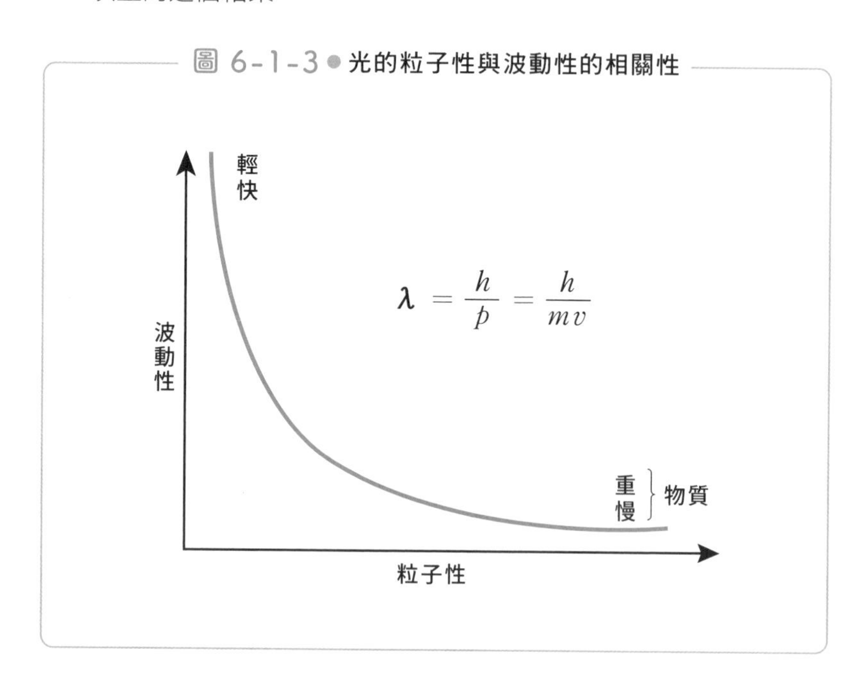

●為何無法觀測人類的波長呢？

如果所有的物質都具有波（波動）的性質，那我們人類應該也不會是其中的例外才對。既然如此，就讓我們趁這個機會計算人類的波長吧。

「德布羅意的問題」

假設現在有位體重66公斤的人，正以時速3.6公里（秒速1公尺）的速度慢慢走著。請利用剛剛介紹的德布羅意的公式（λ）算出人類的波長。

這不是什麼恐怖的題目，只需要在前面λ公式代入各數值就好。

*h*為常數（普朗克常數），所以直接代入即可。*m*為體重，而且單位是公斤（kg），所以直接代入66即可。速度*v*的部分則需要改成m（公尺）這個單位，所以要稍微換算一下時速3.6公里的秒速。話說回來，在剛剛的題目之中，已經先標註了「秒速1公尺」，所以直接在速度代入「1」即可。經過計算之後，可得到以下結果。

$$\lambda = \frac{6.6 \times 10^{-34}}{66 \times 1} = 1 \times 10^{-35}\text{m}$$

人類的波長為10^{-35}m。

圖 6-1-4 ● 人類的波長短得無法測量

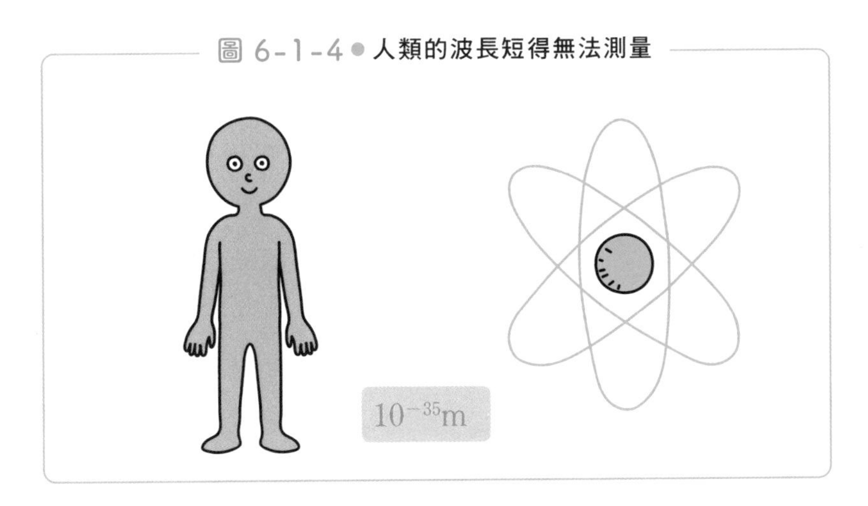

不過，這個10^{-35}m的波長非常短，短得無法測量，代表這個人幾乎不具備波動性。

反觀電子的情況就不一樣了。假設電子的質量為10^{-30}公斤、速度為秒速10^{8}公尺，波長就會是6.6×10^{-12}公尺。這個波長與拍攝X光片的X光差不多，是足以辨識為波的值。

由此可知，人類與所有物體雖然都具有波動性，但是波動性只在「電子、原子、分子」這類「極小的物質」才具有意義，與我們的日常生活可說是毫無關係。

「量子化學」是吸納量子理論的化學

——測不準原理

量子化學就是應用量子理論的化學。就一般來說，化學的世界比較容易吸引不擅長數學的人，但自從量子化學出現之後，化學家也必須會數學了。

●量子化是什麼意思？

顧名思義，量子在量子理論中扮演非常重要的角色。大家可以將量子想像成水，或許會比較容易了解何謂量子。從水龍頭流出來的水是連續量，而且可自由汲取需要的量。

不過，自動販賣機的瓶裝水卻是1瓶0.5公升裝，如果只需要0.3公升，也必須購買0.5公升；需要0.8公升，就得買2瓶才夠。這就是**量子化**的概念。

不過，這種「**量子**」只在光子、電子、原子、分子這些渺小粒子的世界以明確的形態存在著。

隨著研究不斷進步之後，才發現「量子」這種單位量不僅只在運動量或能量的世界存在。

讓我們以陀螺的運動來解釋，或許會比較容易理解。當不斷轉動的陀螺開始減速，快要停止轉動時，軸心就會傾斜，開始進行歲差運動，也就是所謂的地軸進動狀態。

在我們的社會裡，此時的軸心角度 θ（Theta）會不斷地產生15度、15.7度、16.2度這類變化。可是在微粒子的世界裡，角度只能是15度、30度、45度這種不連續的變化。

這個概念之後在「軌域（**電子雲**）的形狀」的部分會再以視覺化呈現，屆時會變得更加明朗。

圖 6-2-1 ● 量子的世界只允許不連續的值

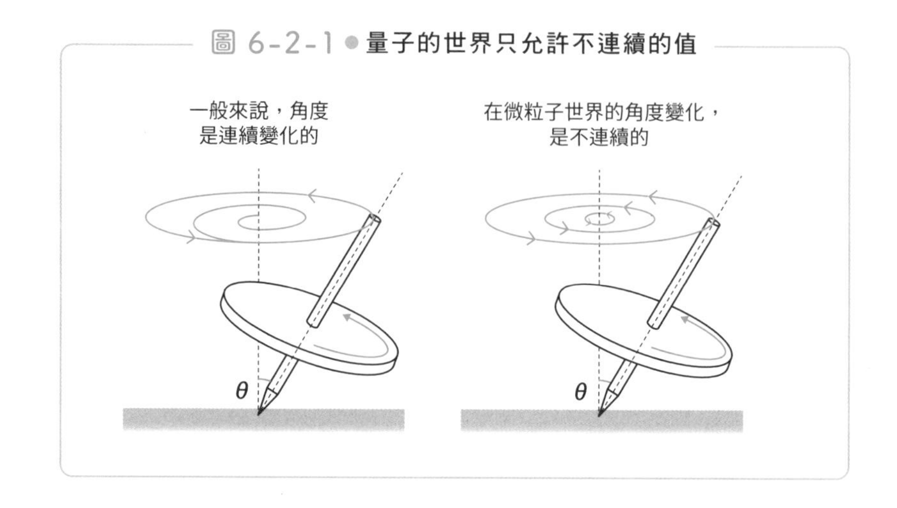

海森堡的測不準原理

在物質波、量子化這類理論發表之後，陸續有許多與牛頓力學背道而馳的概念問世。其中之一就是德國科學家海森堡（Werner Heisenberg，西元1901～1976年）在1927年提出的「**測不準原理**（Uncertainty principle）」。

• 某一邊會失焦？

海森堡的測不準原理提到，在微粒子的世界裡，「**無法同時而正確地決定位置與能量**」。意思是，如果想要正確地描述粒子帶有的能量，就無法確切知道粒子的位置；反之，想正確地描述粒子的位置，就無法確切地了解粒子帶有的能量。

若以紀念照片比喻這是怎麼一回事，大家應該就能很快了解。假設你們一群人準備在鎌倉大佛前面拍照留念，而且想讓大佛與自己入鏡。如果以早期的「牛頓相機」（註：對老舊牛頓力學的比喻），的確可以拍到大佛與你們，但是這麼一來就很難對焦，整張照片也顯得模糊不細緻。

但是，若改用最新型的「量子相機」來拍攝，結果就大不相同。只要將焦點對在大佛身上，就能拍到清楚的大佛，但這時候你們就會變得模糊；如果這時候反過來將焦點對在你們身上，就輪到大佛變得模糊。

圖 6-2-2 ● 量子相機無法同時聚焦在兩者上

換言之，量子相機無法同時且正確地，拍到大佛與你們這「2個量」。現代化學將電子的作用，也就是粒子運動形容成能量，但如此一來，就不知道該粒子位於何處了。

• 導出電子雲

在思考電子的位置時，「某一邊失焦」是非常重要的概念。簡單來說，電子的位置，或說是**原子、分子的形狀，都只是大致的形狀**，是一種充滿機率，不確定的形狀。也連帶導出在討論原子或分子的時候，一定會提到的「**電子雲**」。

假設我們替原子拍了一張照片，而且是將原子核放在鏡頭的正中央拍攝。此時雖然不知道電子位於何處，但電子一定位於某處，而當我們拍了1張、2張、……n張照片之後，會發現電子都各位於不同的位置。此時若將這些照片全合成為1張，就會看到所謂的電子雲。這意思是，電子的位置只能以機率說明，而將這個機率畫成圖之後，就是電子雲。

圖 6-2-3 ● 將 n 張照片合成為 1 張之後，就會看到電子雲

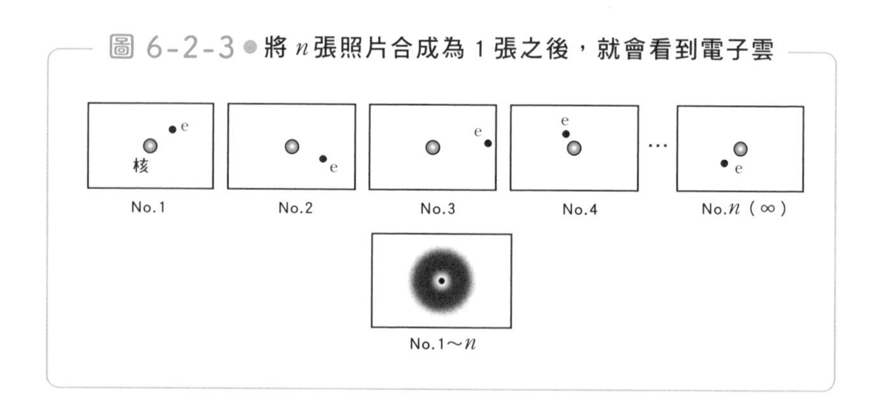

無法做出能準確描述原子的模型嗎？

—— 現代的原子結構論

一如第5章所介紹的，自十九世紀末期開始，自從知道物質是由原子組成，化學家也就漸漸將注意力放在原子的結構上。之後又有幾位化學家提出葡萄乾麵包模型、土星模型、行星模型等等比擬原子結構的模型。不過，這些模型卻都美中不足。

●拉塞福與波耳的模型

雖然英屬紐西蘭的科學家拉塞福（西元1871～1937年）所提出的「行星模型」很吸引人，但這個模型有1個致命的缺陷。

在拉塞福的模型中描繪的是，有1個帶有正電荷，又重又小的粒子（也就是現代所謂的原子核），這個粒子的周圍有帶著負電荷的電子沿著同心圓的軌域環繞。

不過若根據當時的電磁學解釋，這種電子會慢慢地放出能量，軌域的半徑也會因此慢慢縮小，最後電子便被原子核吸收，如此一來，所有的原子就會變成中子，最後就消失。這麼一來，整個宇宙也會跟著消失才對，但現實並非如此。

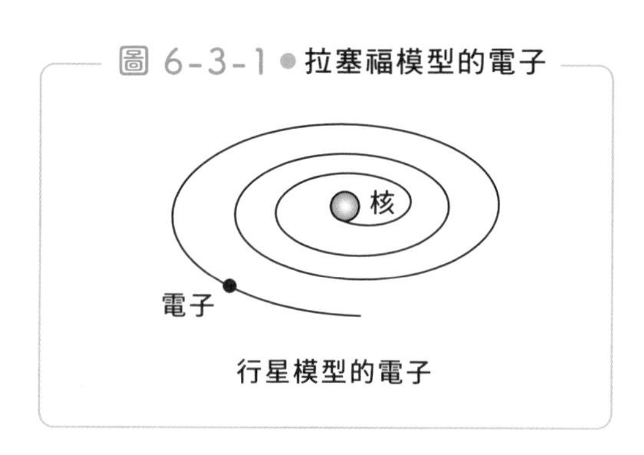

圖 6-3-1 ● 拉塞福模型的電子

難道沒有更好的模型了嗎？就在各界陷入苦思之際，尼爾斯．波耳（Niels Bohr，西元1885～1962年）率先想到絕佳的答案。於1913年發表的這個想法雖然還處於無法被稱為理論的階段，只是再單純不過的靈感而已。

牛頓力學提到，當質量m的物體以速度v沿著半徑為r的軌域繞行時，會具有mvr的動能。而波耳假設這個動能並非隨意的值，而是當n為整數，h為普朗克常數時，這個動能只能是「$mvr=\frac{nh}{2\pi}$」這種不連續的值，其中的n則稱為**量子數**。

有趣的是，這個假設若是成立，氫原子的發射光譜就能得到完美的驗證。在波耳的假設之中，角運動只能是不連續的值，而從這點來看，波耳的假設簡直與量子理論如出一轍。

不過，波耳提出這個假設的時候，量子理論尚未問世。之後，這種「被波耳的假設修正之後的行星模型」稱為**拉塞福－波耳模型**，許多解說原子結構的入門書籍也將這種模型視為基本概念。

圖 6-3-2 ● 拉塞福－波耳的模型

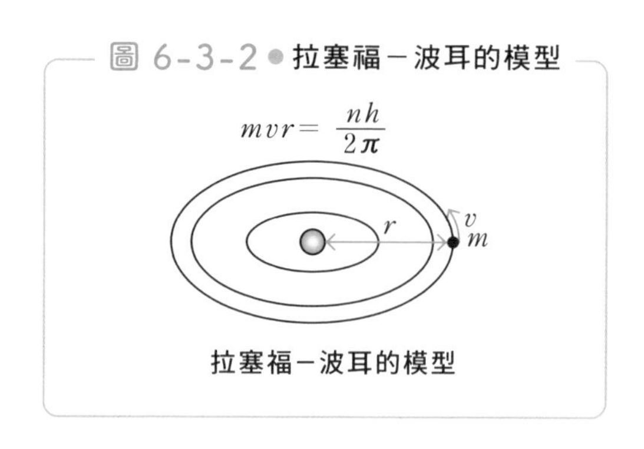

現代的原子結構

雖然本書不是市面常見的化學解說書，但還是會先為大家說明一些必要的化學知識，方便大家閱讀下去。

現代化學是以「**波函數**」描述電子在原子周邊的運動，也就是電子沿著波函數所描繪的軌域運動。

軌域之中有著軌域能量，按照順序為1s<2s<2p<3s<3p<3d<……是如圖6－3－3所示，一階一階升高，這也代表軌域能量具有量子化的現象。

從能量較低的軌域開始，每個軌域都有2個電子，而且軌域能夠容納的電子有限，1個軌域無法容納多於2個的電子。

各軌域的電子會組成圖6－3－4所示的電子雲，但一般都會將電子雲形容成軌域。之所以將電子雲視為固定的形狀，是因為電子有所謂的空間量子化的現象。此外，軌域的形狀之所以像雲一般模糊，全是因為測不準原理。

聽到軌域「Orbit」，會讓人想起提出行星模型的長岡或拉塞福，不過，現代模型的軌域的英文是「Orbital」（硬要翻的話，就是

圖 6-3-3 ● 軌域能量的量子化

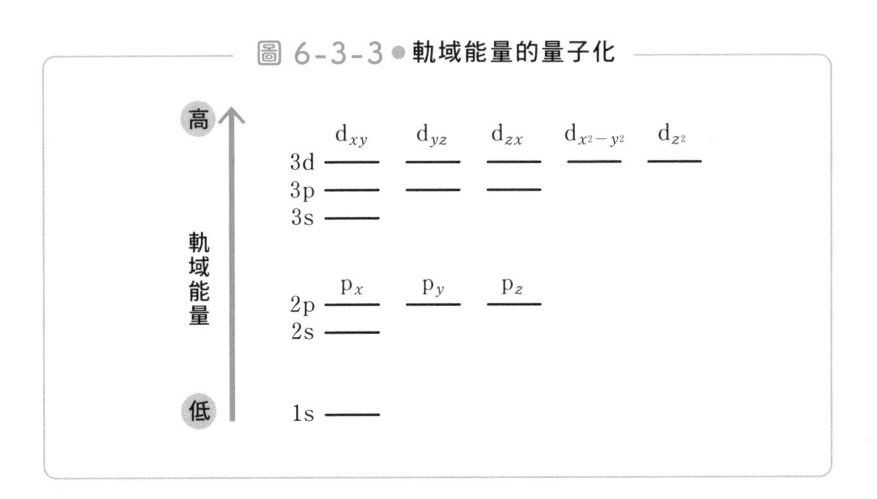

「軌域的」），而不是「Orbit」。

或許是日文找不到適當的翻譯，所以不管是orbit還是orbital，全部都被譯為「軌域」。

圖 6-3-4 ● p 軌域與 s 軌域的形狀

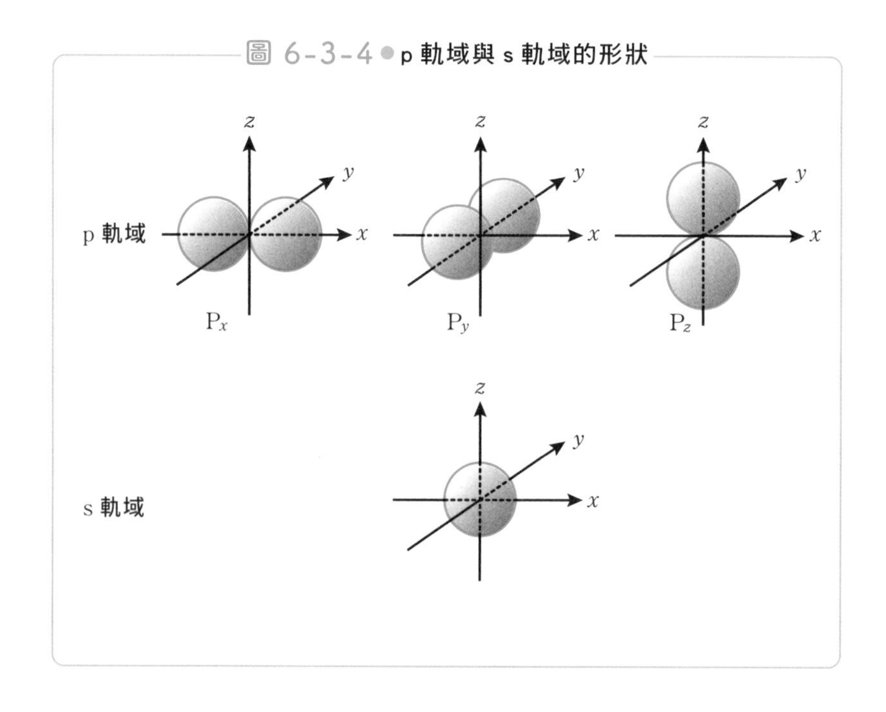

原子與原子是怎麼融合的？

—— 分子軌域法

原子在結合之後，可形成分子，而結合的方式有很多種，例如離子鍵或是金屬鍵就是其中的幾種。而在化學的世界之中，最重要的就是製造有機化合物的**共價鍵**。

●氫分子的結合

在現代化學之中，**原子的結合（共價鍵）可透過原子的軌域（原子軌域）重疊進行。**以氫為例，兩個s軌域重疊之後，就能形成新的軌域（分子軌域）。氫擁有的電子會分別進入分子軌域再結合，所以又稱為鍵結電子（雲）。

圖 6-4-1 ● 共價鍵可在原子軌域重疊之際形成

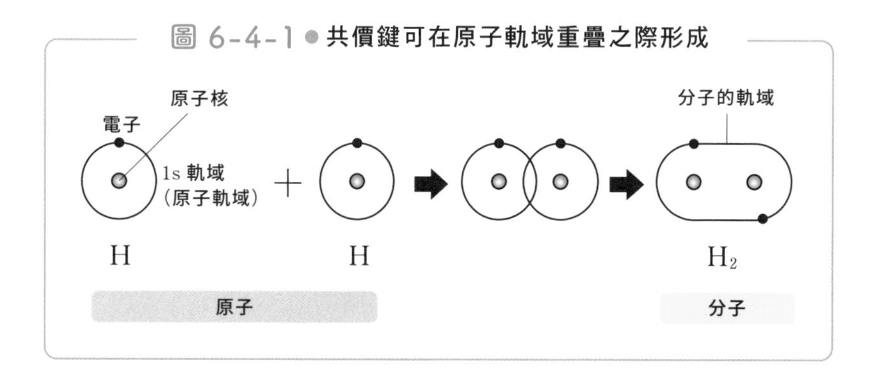

●鍵結軌域與反鍵結軌域

在量子化學描述的分子結構之中，最重要的概念就是反鍵結軌域。讓我們透過圖6－4－2了解這個概念吧。圖中的橫軸為原子之間的距離，縱軸為能量。氫的軌域能量為α，當2個氫原子彼此接近，就會形成2個分子軌域。

圖 6-4-2 ● 鍵結軌域與反鍵結軌域

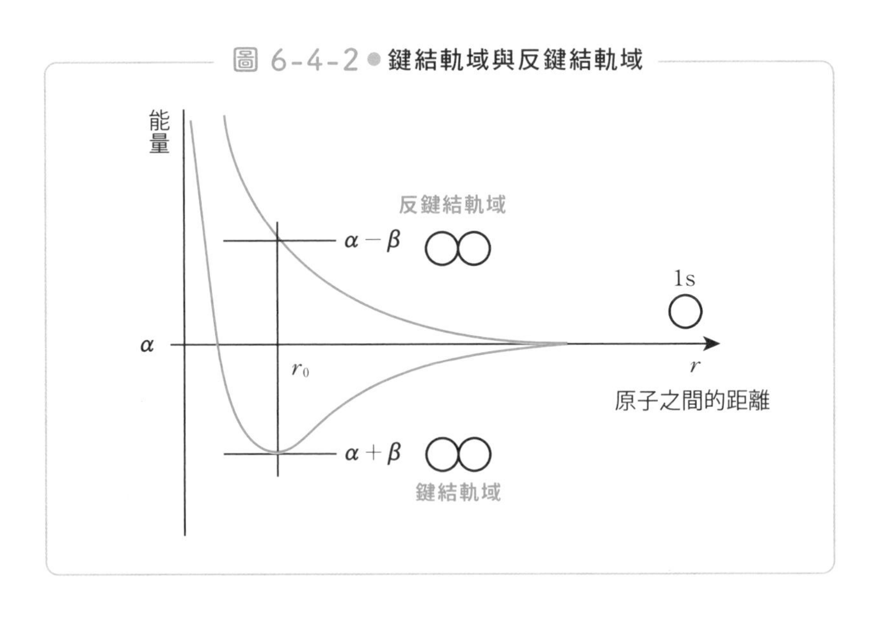

這2個分子軌域就是鍵結軌域與反鍵結軌域。鍵結軌域會在原子接近之後，進入低能量狀態，但如果太過靠近，原子核就會產生強烈的反作用力，進而恢復成高能量狀態。因此能量在距離為r_0的位置會變成極小的狀態。這個距離就是氫分子的原子距離，也就是鍵結距離，而這個極小的能量就是$\alpha+\beta$的部分。

另一方面，反鍵結軌域的能量會隨著原子彼此接近而上升，而鍵結距離之處的能量為$\alpha-\beta$。

●鍵結能量

圖6－4－3是在鍵結距離之下，鍵結軌域與反鍵結軌域的能量關係圖。電子與原子一樣，會依序進入能量較低的軌域，而且會遵守1個軌域只有2個電子的規則。圖中的箭頭代表電子，從圖中可以看到，2個電子都進入鍵結軌道。

圖 6-4-3 ● 鍵結之後就會穩定（低能量狀態）

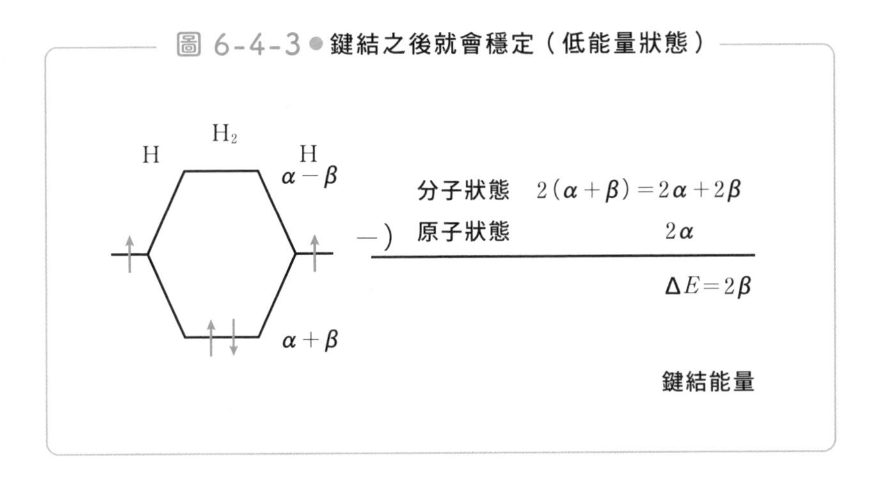

鍵結之前的2個電子位於氫原子的軌域之中，所以能量為2α；但在鍵結之後，能量會變成$2\alpha+2\beta$。這意味著在鍵結之後，進入低能量狀態（穩定狀態），而這個2β就是氫分子的**鍵結能量**。

眾所周知，惰性氣體不會鍵結。透過氦He，一起來了解惰性氣體不會鍵結的原因吧！氦原子擁有2個電子。

首先讓我們假設氦準備形成分子He_2。由於氦的原子軌域與氫相同，都是s軌域，所以分子軌域與氫幾乎一致。圖6－4－4是2個氦的電子，也就是總計4個電子進入分子軌域的示意圖。電子並未全部進入鍵結軌域，其中有2個進入反鍵結軌域。

圖 6-4-4 ● 鍵結能量為 0，所以氦不會鍵結

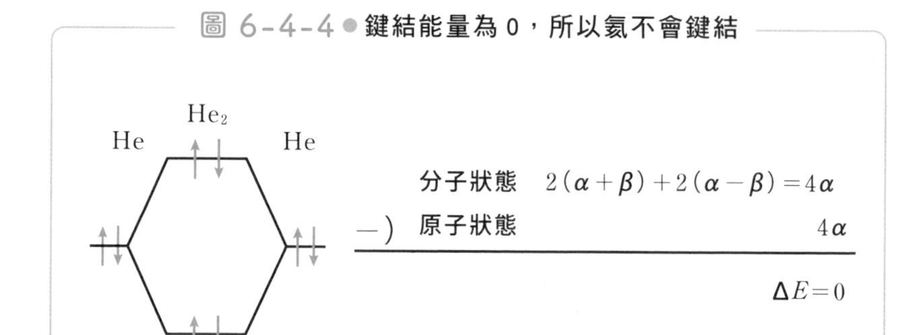

從圖中可以發現，在鍵結軌域會變得穩定的能量（2β），輸出至反鍵結軌域，所以鍵結能量為0。氦也因為沒有鍵結的穩定狀態，所以不會鍵結。

第7章

戰爭或和平，實驗化學的時代

天使的化學反應？惡魔的化學反應？

——哈伯-博施法

若被問到「能讓人類幸福的化學反應是什麼？」大家會想到哪些反應呢？答案有可能是製造萬靈丹的化學反應，或是能利用空氣製作食物的反應。

反之，被問到「會讓人類不幸的化學反應是什麼？」的話，恐怕沒有任何反應比奪取人命的反應更讓人不幸吧。

那麼下列的反應，屬於哪一種的反應呢？

●從空氣製造麵包的反應

1906年，兩位猶太裔德國人弗里茨．哈伯（Fritz Haber，西元1868～1934年）與卡爾．博施（Carl Bosch，西元1874～1940年）開發出了名為**哈伯-博施法**的化學反應。這是讓氫氣H_2與氮氣N_2在400～600℃、200～1000氣壓這種嚴苛的條件之下，以鐵為觸媒產生氨NH_3的反應。

氫氣可透過水的電解取得，氮氣則可直接使用空氣之中的氮。

$$3H_2 + N_2 \rightarrow 2NH_3$$

植物需的三大營養素為氮N、磷P與鉀K。其中的氮是植物的莖部與葉子生長所需的重要營養素，而氮在空氣之中的含量可說是取之

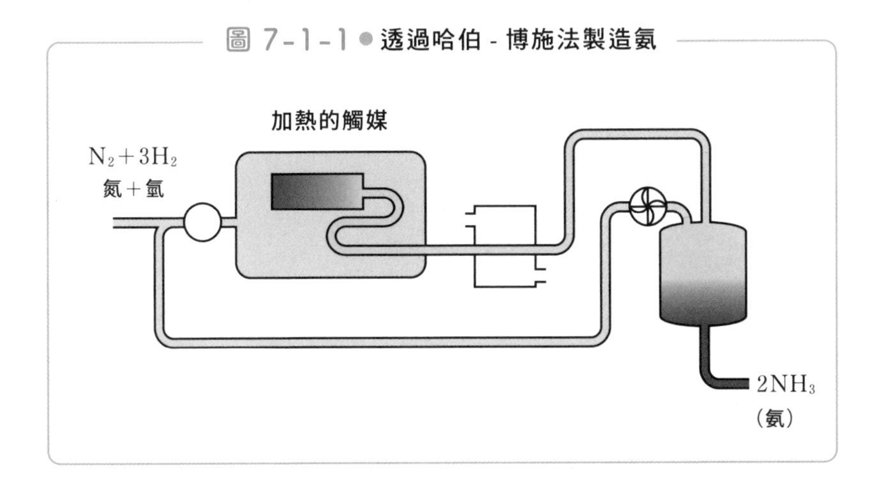

圖 7-1-1 ● 透過哈伯 - 博施法製造氨

不盡。

不過，除了豆科植物等特殊的植物之外，大部分的植物，尤其是農作物都無法直接吸收空氣之中的氮，必須先將氮轉換成硝酸鹽這類形態，而這個過程就稱為「**固氮作用**」。

利用哈伯－博施法取得的氨會氧化為**硝酸** HNO_3，而硝酸若與鉀產生反應，就能會轉換成**硝石**（硝酸鉀）KNO_3，若與氨產生反應，就會轉換成**硝酸** NH_4NO_3。

不管是硝石還是硝酸銨，都是高效的氮素化學肥料，可讓農作物迅速成長，長出大量的穀物。

因此，哈伯與博施便得到「利用空氣製作麵包」的美譽，之後也一起獲頒諾貝爾獎。

●哈伯－博施法也可用來製作炸彈原料

話說回來，硝酸也是硝化反應的原料。脂肪加水分解之後，可得到甘油，之後利用硝酸與硫酸讓甘油進行硝化反應，就能做出土木工程不可或缺的炸彈的原料（**硝化甘油**）。讓纖維素進行硝化反應可得到硝化纖維，是無煙火藥的原料，甲苯在經過硝化反應之後，就能得到堪稱經典炸彈的三硝基甲苯，也就是所謂的**TNT炸藥**。

此外，硝酸銨與某種常見液體混合而成的硝油炸彈，在最近因為便宜好用而得到關注，這種常見的民生炸藥消費量已經超過了一般的炸藥。

在過去，提到火藥就只會想到黑色火藥。不管是煙火還是大砲，使用的都是黑色火藥。黑色火藥是中國的發明，是由木炭粉（碳C）、硫黃S、硝石（硝酸鉀）KNO_3混合而成的火藥，其中最為重要的是供氧劑的硝石。

不過，硝石多半是「半人工的天然製品」。為了製作硝石必須不斷地在稻草淋尿，再將被尿液淋濕的稻草放在鍋子裡面煮爛，才能結晶化濃縮成硝石。

也就是利用土壤裡的矽酸菌讓尿液的尿素$(NH_2)_2CO$轉換成硝酸，再與稻草之中的鉀K轉換成硝酸鉀。

想當然爾，在進行上述的作業時，會飄出臭不可聞的味道。據說波旁王朝會另外提供津貼給負責這項作業的官員。

由此可知，火藥是非常貴重的資產，每個國家保有的數量也很有限。反過來說，在早期的戰爭之中，只要發炮攻擊對手，火藥就會用完，也就無法繼續作戰——之後雙方通常會透過談判結束戰爭。

不過，當哈伯－博施法問世，就能透過化學反應的方式製造出無窮無盡的火藥。

據說，**第一次世界大戰之際，德軍使用的火藥有絕大部分都是利用哈伯-博施法生產製作**。而且之所以會爆發第二次世界大戰這種規模如此巨大，時間如此漫長的戰爭，也都是因為哈伯－博施法問世所造成的。

到底哈伯－博施法是「利用空氣製作麵包」般的天使化學反應？還是擴大戰爭規模般的惡魔化學反應呢？

到底哈伯－博施法拯救的飢民比較多，還是被奪走性命與親人的人比較多呢？

●哈伯與博施之後的命運

哈伯與博施的經歷雖然輝煌，但他們的背後卻隱藏了一些不光彩的部分。

比方說，第一次世界大戰之際，哈伯曾擔任德軍的毒氣作戰指揮官，這也是他人生中難以抹滅的汙點。

德軍於1915年第一次世界大戰中使用的氯氣，可說是開了近代戰爭中使用毒氣的先例。法軍則是在1916年使用了毒性比氯更強的光氣（Phosgene），至於德軍則立刻以接觸性毒氣的芥子氣（Mustard gas）反擊。

在這樣的背景之下，被使用於第一次世界大戰的毒氣多達30種，受害者至少超過130萬人，死者也達10萬人之譜。

造成如此悲劇的正是德軍總負責人哈伯，而哈伯則辯稱「這一切都是為了讓戰爭早點結束，減少犧牲者的必要之惡」。

基於上述的發言，戰爭因德軍敗北而結束之際，哈伯似乎已有被判處死刑的覺悟。沒想到情況突然發生一百八十度的大轉變，在1918年哈伯居然因為開發了哈伯－博施法而獲頒諾貝爾化學獎。

即使如此，哈伯因為家庭問題以及德國境內的抵制運動，導致他的晚年陷入悲慘之境，只能輾轉生活於英國、法國與瑞士，過著隱居的日子，據說最終是在1935年的流亡地瑞士，一邊做著回歸故土的

夢，一邊拉下人生帷幕。

另一位博施則在1931年因為「開發了高壓化學反應」而獲頒諾貝爾化學獎。不過，當時的博施與正蓄勢待發的希特勒（西元1889～1945年）反目成仇，晚年過著酗酒的生活。

為何抗生素能對付細菌？

—— 盤尼西林的效用

就現代而言，只要罹患了傳染病，不管病症具體為何，通常都會使用「**抗生素**」治療。**抗生素就是「由微生物分泌，且會妨礙其他微生物繁殖與生存的物質」**。

由於最初發現的盤尼西林實在太有效，所以曾經在全世界掀起了一波尋找抗生素的熱潮，如今已找到幾十種以上的抗生素，也已經全都使用於醫療領域。

弗萊明的大發現

英國醫師亞歷山大．弗萊明（西元1881～1955年）在大學的時候，進行葡萄球菌的研究。但是在1928年的某一天，卻不小心在實驗的時候犯了錯，也就是讓繁殖細菌的培養皿長出**青黴菌**。

弗萊明原本打算丟掉這個培養皿，但是當他仔細一看，卻發現不知為何，竟然只有青黴菌的周圍沒有細菌。

覺得這個現象非常不可思議的弗萊明，利用顯微鏡進一步觀察之後發現，原來青黴菌附近的細菌都被青黴菌分泌的液體所溶解了。

因此他便試著在各種細菌上，測試青黴菌分泌液的效果，也因此發現這種分泌液能有效對付害菌，而且沒有觀察到明顯的副作用。於

圖 7-2-1 ● 除去葡萄球菌的青黴菌

亞歷山大．弗萊明

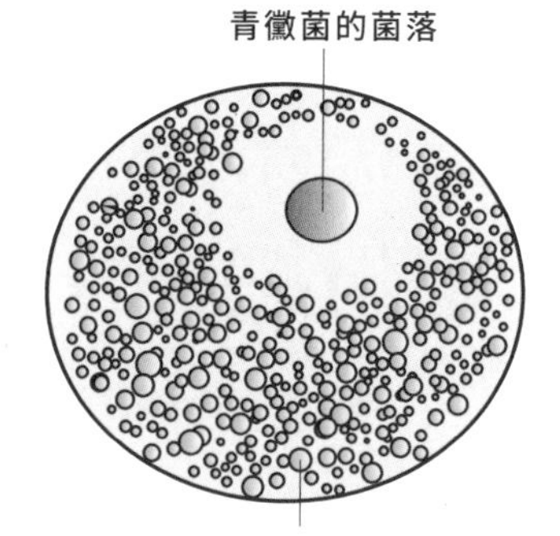

是弗萊明便將這種青黴菌分泌的物質稱為「**盤尼西林**」，這也是全世界第一種抗生素。

●成功量產盤尼西林

不過，這款盤尼西林最終還是被世人遺忘，因為要從青黴菌提煉盤尼西林非常困難，而且當時還無法應用於醫療領域。

不過，過了十幾年之後，牛津大學的霍華德．弗洛里（Howard Florey，西元1898～1968年）與恩斯特．柴恩（Ernst Boris Chain，西元1906～1979年）在研究抗生素的時候，發現了弗萊明的論文。於是他們便開始研究，如何從青黴菌的分泌液提煉盤尼西林的方法，以及量產盤尼西林的方法。

最終，這2位成功地提煉了高純度的盤尼西林。這種高純度的盤尼西林的效果非常驚人，在1943年的1個月內就生產了50萬人份的盤尼西林，拯救了許多人的性命。

因此，弗萊明、弗洛里與柴恩3人，便於1945年獲頒諾貝爾生理醫學獎。

直到現在，仍有不少人在尋找新的抗生素。例如2015年，大村智教授就因為發現了伊維菌素而獲頒諾貝爾生理醫學獎，對日本人來說，這次的頒獎可說是近年來的大事件。

●能對付細菌，卻不能用在病毒的理由

抗生素的效用在於「破壞細菌的細胞壁」，這會讓細菌無法維持原有的型態，進而像是溶化一般崩解而死亡。換言之，抗生素無法對付沒有細胞壁的細胞。

細胞壁是位於細胞膜外側，由纖維素組成的堅硬組織。動物的身體是由骨骼支撐，沒有骨骼的植物則是以細胞壁支撐身體。

雖然細菌不是植物，卻也有細胞壁，所以抗生素才能對付細菌。至於不是生物的「**病毒**」則不僅沒有細胞壁，連類似細胞的構造都沒有，所以抗生素無法對付它。

此外，使用抗生素對付細菌也有可能衍生出其他問題。不斷地對某種細菌使用抗生素，會導致該細菌突變為能抵抗該抗生素的耐性菌。所以使用抗生素的重點在於只在必要的時候使用，也絕對不能隨意濫用。

圖 7-2-2●無法攻擊病毒的理由

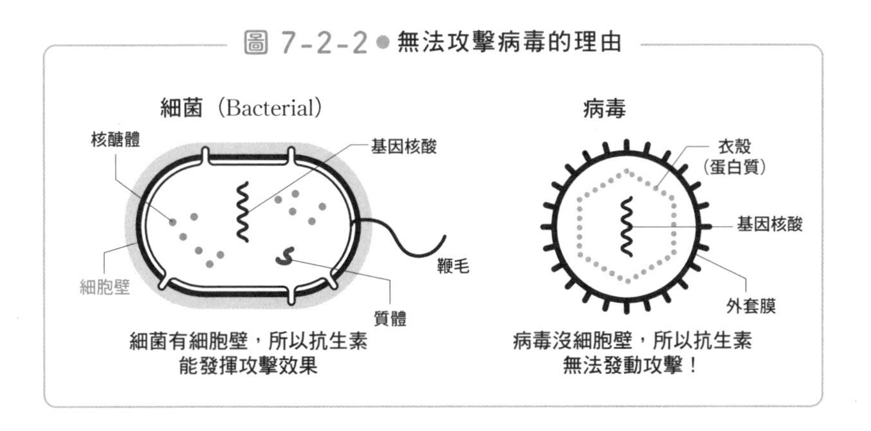

比蜘蛛絲還細、比鐵還堅韌

——合成聚合物化學

世界史是根據人類使用的道具與材質分成：石器時代、青銅器時代與鐵器時代。以這種分類方式來看的話，現代還算是鐵器時代。

不過，在一般家庭之中，大概只有菜刀是可以一眼辨認出的鐵，不然就是以鐵合金打造的不鏽鋼湯匙或叉子。

雖然以鋼筋打造的房屋也會在牆壁或是柱子的內部使用鐵，但這些鐵都會包覆數倍以上的水泥。除了木材或衣服的纖維之外，我們觸目所及的所有東西都是**塑膠**，而且有許多衣服也是利用塑膠的合成纖維製作。

●雖然都被概括為「聚合物」

我們雖然生活中使用了這麼多的塑膠，但其實塑膠的歷史比想像中短很多。即使是日本的江戶時代、明治或大正時代，也幾乎無法在一般的家庭，看到現代這些塑膠製品。

塑膠其實就是「**聚合物**（High polymer）」的一種。而聚合物就是高分子或巨分子，由幾百個或幾千個結構簡單的單位分子組成。

圖 7-3-1 ● 由大量分子組成的「聚合物」

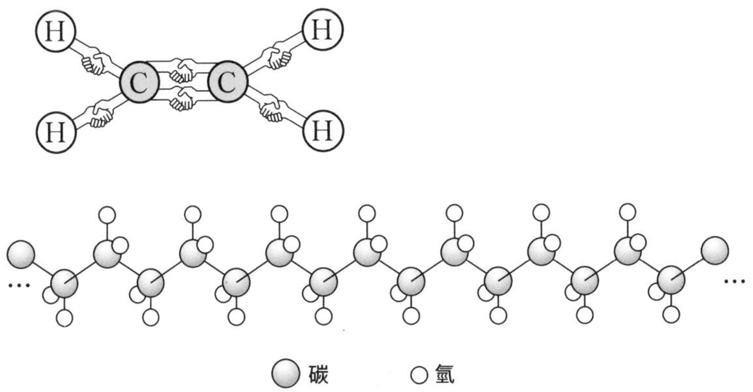

聚合物的種類非常多，例如由天然的胺基酸組成的蛋白質、由葡萄糖組成的澱粉都是聚合物的一種，而這些聚合物都稱之為天然聚合物。

反之，聚乙烯、PET這些由人類製造的聚合物則稱為**合成聚合物**，其中以固體形態存在的熱塑性聚合物，則稱為合成樹脂（**塑膠**）。用於製造平底鍋的握把或味噌湯碗的材質雖然也稱為塑膠，但這些塑膠不會在加熱之後變軟，所以又稱為「熱固性聚合物（Thermosetting polymer）」，方便在化學的領域之中，與一般的塑膠區分開來。

在1930年之前也有非天然的聚合物，但只是在天然聚合物之中添加其他物質，利用簡單的化學反應讓聚合物重整而已，所以不能算是純粹的合成品。

這類合成品的種類其實非常多，例如在天然橡膠加入大量硫黃，可以用來製作成鋼筆筆桿的硬橡膠；在硝化纖維混入樟腦，用於製作電影底片的賽璐珞；讓酚類化合物與甲醛產生反應，在日本被譽為萬

圖 7-3-2 ● 讓生活變得更方便的聚合物

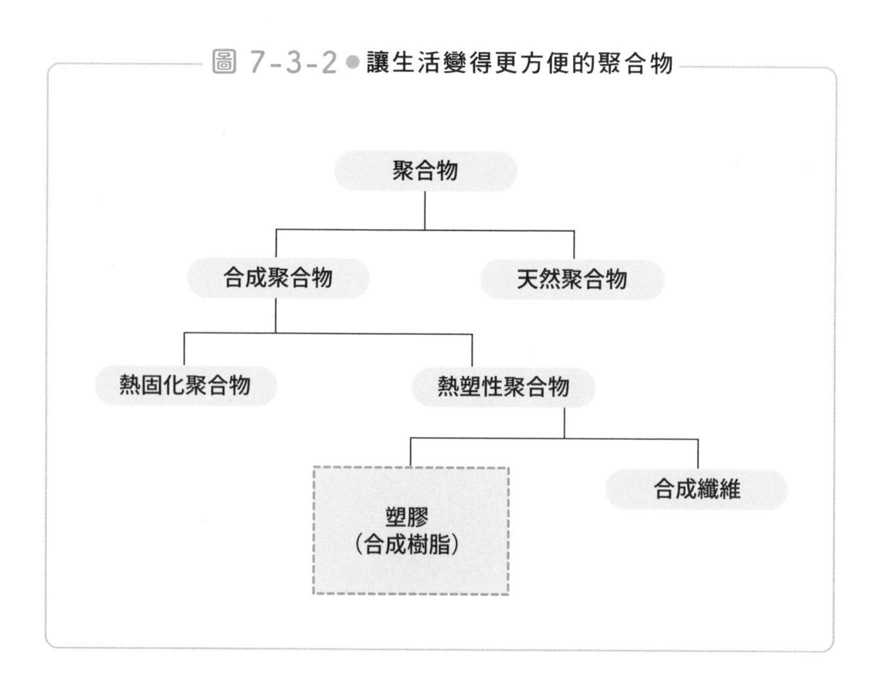

能漆器的酚醛樹脂，都是由天然聚合物重整而來。

●聚合物的結構到底是什麼？

從很久以前就知道聚合物是由大量的分子組成，但是關於聚合物的構造卻有2種說法：一說認為「是由分子聚集而成的結構」，另一說則認為「是分子透過共價鍵連接而成的結構」。

提出後者說法的是德國科學家赫爾曼．施陶丁格（Hermann Staudinger，西元1881～1965年），由他獨自一人主張，其他的研究學者則幾乎都支持前者。

雖然後續在學會掀了一股「到底哪種說法才正確？」的激辯，但其實是「一人對上其他大部分學者」的局面。但是在施陶丁格耗盡心力，進行多次的實驗之後，陸續發現了多項支持自己說法的事實，也於學會上發表這些事實。

最終，他的說法總算得到其他人的認同，他也因此在1953年獲頒諾貝爾化學獎，也被譽為「高分子之父」。

不過，這不代表落敗的多數派提出了牛頭不對馬嘴的主張，因為符合他們主張的物質並非高分子，而是日後被稱為「超分子」的物質。超分子的部分將留待本章的第5節介紹。

●比蜘蛛絲還細的尼龍誕生

史上第一次真正利用合成樹脂，發明出合成聚合物尼龍的人，是美國杜邦公司剛過30歲生日的年輕科學家華萊士．卡羅瑟斯（Wallace Hume Carothers，西元1896～1937年）。他曾進行合成聚合物的研究，將目標設定為聚合度4000，也就是結合4000個以上的單位分子。他的研究非常順利，也成功合成了天然橡膠的單位分子「氯丁二烯」，也順利開發了以氯丁二烯合成的氯丁橡膠。

在這個研究過程中，卡羅瑟斯成功製造出多個會因高溫而變得黏稠的固體聚合體，他也在這個過程觀測到1個現象：將這些聚合體加熱融化，用棍子浸入融化的聚合體液之中後拉起，就能做出纖細的單纖維。

根據這個發現，專案的重心就轉移至合成這類單纖維，「尼龍」也就此應運而生。

雖然尼龍是融點很高，難以加工的產品，但杜邦公司還是決定大量生產。尼龍是在1935年發明的，但杜邦公司為了避免機密外洩，遲遲不願發表研究成果。一直等到1938年，才總算以「**比蜘蛛絲還細、比鐵還堅韌**」的文案發表名為尼龍的這項材質。

不過，一直為憂鬱症所擾的卡羅瑟斯，在尼龍發表前1年的1937年，在旅館房間喝下氰化鉀，沒沒無名地結束掉自己的人生。

如果他能活久一點，或是杜邦公司早一點發表尼龍的話，卡羅瑟斯一定能獲頒諾貝爾獎，想到這裡就不禁令人感到惋惜。

●利用功能性聚合物實現「沙漠綠化」

之後聚合物化學就快速發展，直到現在我們的社會已經離不開塑膠了。

雖然聚合物最初只是當成材質使用，但現在已不僅是材質，因為出現了具有特殊功能的「**功能性聚合物**」。

其中最為知名的就是高吸水性聚合物。這種聚合物能吸收比自身多1000倍重量的水，目前除了用來製作尿布、生理用品之外，**還有助於沙漠綠化**。也就是將高吸水性聚合物埋在沙漠裡，讓這些聚合物吸水之後再種植樹木。這麼做的優點在於可拉長澆水的時間，所以很方便管理樹木的生長情況，也能有效儲存偶爾降雨的水量。

此外，於2000年獲頒諾貝爾化學獎的**導電聚合物**，則因為是全世界第1種能通電的有機物，而得到各界關注。ATM的透明觸控面板或是鋰電池的電極都是利用這種導電聚合物製作。

離子交換聚合物可讓鈉離子 Na^+ 與氫離子 H^+ 交換，以及氯化物離子 Cl^- 與氫氧離子 OH^- 交換，只要利用這種性質就能在**不使用電力與其他動力的前提之下，讓海水變成淡水**。

物質構造是如何決定的？

——天然物化學的發展

自然有如人類的一面鏡子，也是目標。合成化學的目標之一就是「合成天然物」。一般認為，若使用現代的理論化學的知識以及合成化學的技巧，應該可以把所有的天然物全都合成出來。

●紅色染料原料的「紅花」擁有何種結構？

要合成天然物，就必須先了解天然物的分子構造。現代有許多分析儀器用於決定分子的結構，只要使用這些分析儀器往正確的方向推導，就能決定大部分的分子結構。

如果推導的過程不順利，還可以嘗試其他方法。第1步就是先讓該化合物結晶。只要取得該化合物的單分子晶體，之後就能透過單分子晶體X光分析拍攝該分子的3D照片。

話說回來，這些都是進入二十一世紀才有的現代技術，100年前可是沒有這些分析儀器。當時的人們用來決定分子結構的原始方法，是連現代位居第一線的人員都只在傳說中聽過。到底當時的人們是怎麼做的呢？

紅花是山形縣的特產，從平安時代以來，貴族會使用紅花在嘴唇與和服染上出優雅的紅色。

就算不是化學家，應該也會很好奇這種紅色染料「紅花素（Carthamin）」到底擁有何種分子結構。紅花素的分子結構是於1929年，由東北大學日本化學領域第1位理學博士黑田Chika（黑田チカ，西元1884～1968年）所提出。該分子結構為圖7－4－1（A）。

圖 7-4-1 ● 黑田 Chika 提出的「紅色染料」分子結構（A）

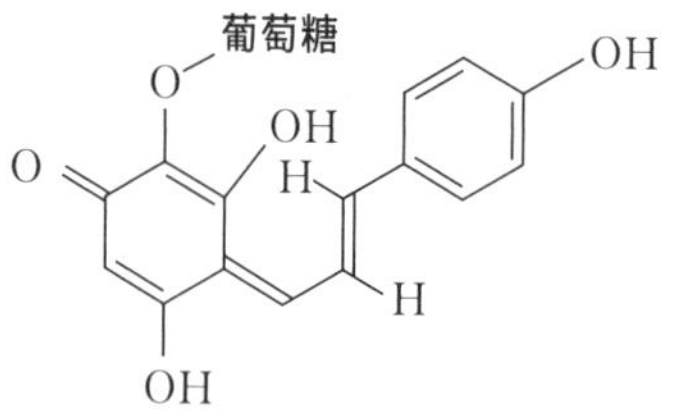

（A）

不過，在56年後的1985年，山形大學的研究學者利用當時最先進的分析儀器推翻了黑田提出的分子結構。正確的結構為圖7－4－2（B）所示。

圖 7-4-2 ● 於 1985 年發現的「紅色染料」分子結構

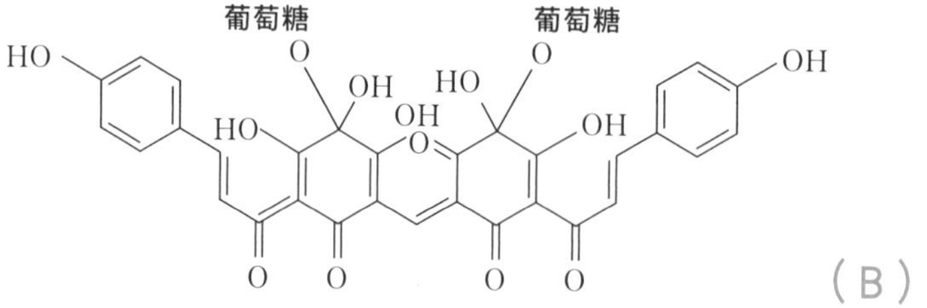

（B）

乍看之下，似乎會以為A與B這2種結構很不一樣，但其實兩者差異不大，因為A就是一半的B。

黑田為了找出分子的結構而使用了各種反應，所以分子有可能是能是在反應的過程中壞掉一半。早期的試驗中，很常發生這類情況。

在介紹阿斯匹靈（序章）的時候也提過，在讓柳苷排除糖的過程中，發生了氧化反應，所以才產生了水楊酸。

反過來說，圖7－4－2的結果間接證明了黑田的方向是正確的。

●合成化學的金字塔「維生素B12」

在眾多天然物之中，有一些具有非常複雜的結構，其中之一就是以結構複雜聞名的維生素B12。這種化合物的構造為圖7－4－3。

牛津大學的桃樂絲．霍奇金（Dorothy Mary Hodgkin，西元1910～1994年）於1956年透過單分子晶體X光分析，得知維生素B12的分子結構，她也因此於1964年獲頒諾貝爾化學獎。

圖 7-4-3 ● 維生素 B12 的結構

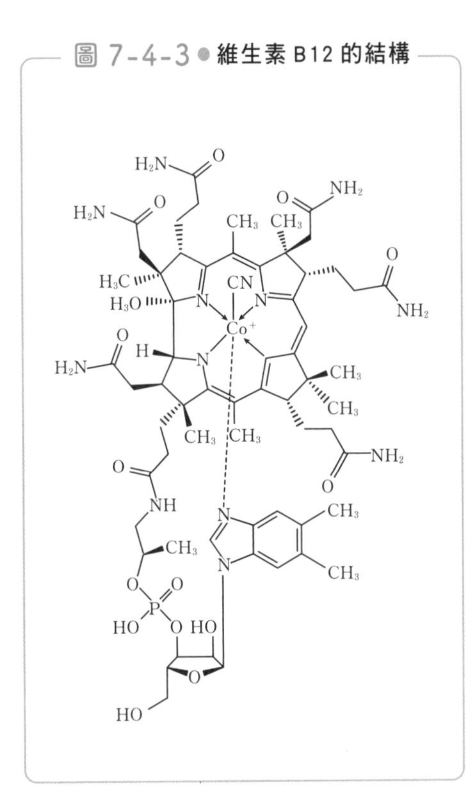

不過維生素B12的結構是在太過複雜，曾經一度被認為是無法以人工合成的物質。

不過，最後還是出現了能夠成功全合成維生素B12的科學家，也就是哈佛大學的羅伯特．伍德沃得（Robert Burns Woodward，西元1917～1979年）與蘇黎世聯邦理工學院的阿爾伯特．艾申莫瑟（Albert Eschenmoser，西元1925年～）這2位科學家。他們的研究團隊於1972年成功完成維生素B12的全合成，並於1973年發表相關論文。

維生素B12的合成被譽為合成化學的金字塔，伍德沃得也因此在1965年獲頒諾貝爾化學獎，並且享有二十世紀最棒的有機化學家之美譽。

其實伍德沃得在過了幾年之後，得到第2次受頒諾貝爾獎的機會。這次有機會獲頒諾貝爾獎的理由是，伍德沃得提出了被譽為理論有機化學金字塔的「分子軌域對稱守恆原理」，又名「伍德沃得霍夫曼規則」，是一種透過波函數的對稱性釐清有機化合物在熱反應與光反應的立體特異性之理論。在這個理論發表之後，至今難以說明的現象都能如快刀斬亂麻一般，簡潔明快地說明。

●無法獲頒的第2座諾貝爾獎

與這項理論有關的化學家共有3位，其中1位是伍德沃得，另外2位則是福井謙一（西元1918～1998年）與羅德．霍夫曼（Roald Hoffmann，西元1937年～）。福井謙一與羅德．霍夫曼在1981年獲頒諾貝爾獎，唯獨伍德沃得被排除在外。理由僅僅是因為伍德沃得在前1年過世，而諾貝爾獎只頒給還在世的傑出人員。看來會流傳「活得久也是一種實力」這句話，就是因為曾經發生這類事情吧。

如果伍德沃得當時還活著，應該就能成為第2位獲頒2次諾貝爾化學獎的人物。居禮夫人也曾2度獲頒諾貝爾獎，但她得到的是物理學獎與化學獎，美國化學家萊納斯．鮑林（Linus Carl Pauling，西元1901～1994年）則是獲頒化學獎與和平獎。此外，約翰．巴丁（John Bardeen，西元1908～1991年）也曾2度獲頒物理學獎。雖然愛因斯坦也曾獲頒諾貝爾獎，但比較令人意外的是，他是因為「光電效應原理」獲獎，而不是因為「相對論」。

於前一年的1980年獲頒第2次諾貝爾化學獎的弗雷德里克．桑格（Frederick Sanger，西元1918～2013年）是目前唯一獲頒2次諾貝爾化學獎的人物。

7-5 自在兜風的單分子汽車

——超分子化學

前面提過聚合物是分子「透過共價鍵結合」的產物，但其實也有由分子「聚合而成的集合體」。分子之間的引力稱為「**分子間（作用）力**」，而透過分子間力串連而成的分子集團稱為**「超分子」，因為這種分子是超越分子的分子**。

最貼近生活的超分子現象就是肥皂泡泡。當肥皂分子聚集在一起，形成1層膜（所謂的分子膜）之後，由2片分子膜組成的二分子膜會形成類似袋子的構造，而肥皂泡泡就是這個袋子充滿空氣之後的結構。

2片分子膜之間有水分子。由於肥皂分子沒有結合，所以當肥皂

圖 7-5-1 ● 肥皂泡泡的結構

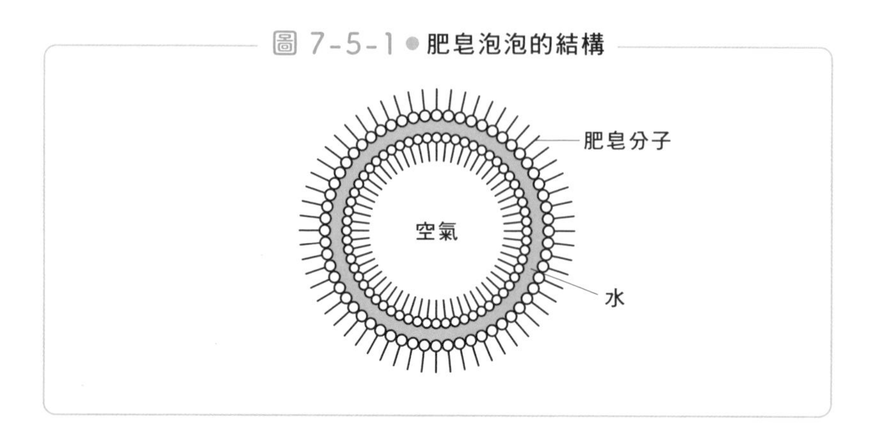

泡泡破掉，肥皂分子就與水分子就會恢復成原始狀態的肥皂液。

●利用冠醚捕捉金屬

最為人所知的超分子莫過於「**冠醚**」。冠醚的英文為「Crown Ether」，而「Crown」的中文意思為王冠，「Ether」則是碳化合物由氧原子串連的結構。換句話說，冠醚就如同圖7－5－2所示的環狀醚分子。

圖 7-5-2 ● 結構呈環狀的冠醚

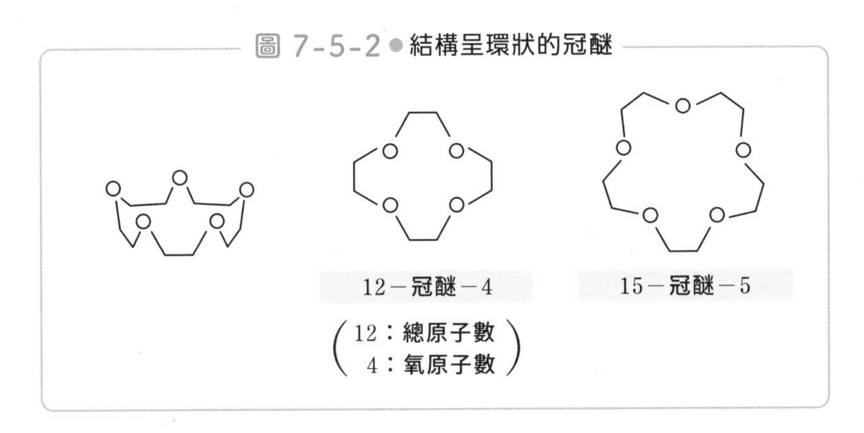

雖說是「環狀」，但從立體的角度來看，因氧原子而形成曲折的結構，所以看起來像是王冠，因而才會被命名為「冠醚」。

這種分子的重點在於到處都有能緊緊拉住電子的氧原子，所以氧原子帶有負電（－），碳的部分帶有正電（＋）。遇到帶正電的金屬離子M^+的時候，M^+會像是要投入冠醚的懷抱般，一頭栽進環內。

只要利用這種性質，就能從含有各種金屬離子的水溶液之中挑出特定的金屬離子。

冠醚的大小（環的直徑、氧原子的數量）可自由設計。金屬離子會與內徑與本身直徑一致的冠醚產生最強的結合。

換言之，若想要回收鈉離子Na^+這種小離子，可使用規模較小的冠醚；如果想要回收鈾U^{6+}這種大的離子，就可以使用規模較大的冠醚。

如果以為核能發電與能源枯渴無關，那可就大錯特錯了。鈾的可開採年數差不多只有一百多年，所以會比煤炭更早耗盡。

不過，這指的是礦坑裡的鈾。其實鈾也溶於海水，所以當礦坑的鈾快要開採完畢時，或許就得考慮從海水汲取的必要性。到了那個時候，冠醚也將大大地派上用場。

●單分子汽車

你敢相信有僅以1個分子組成的汽車嗎？其實還真的有。圖7－5－3的分子就是這台**單分子汽車**。實際上，這是真實存在的合成分子。4個圓形輪胎都是被稱為富勒烯C_{60}的物質，當這些車輪轉動時，這台單分子汽車就會往前進。

在實驗的時候，是將這台單分子汽車放在黃金Au的晶體上面，然後觀察這台汽車移動的情況。圖7－5－4就是車輪在實驗之際的移動軌跡。

從箭頭的方向就可以知道，車體是朝著車輪的轉動方向前進。這代表車體的移動方式不像是在金屬表面滑動，而是透過車輪的轉動前進。此外，要改變車體的行進方向時，必須讓車體完整地轉向。

●單分子汽車的競速比賽

可惜的是，這台單分子汽車沒有動力，無法自行前進。

不過，最近出現的單分子汽車，是以結合的熱膨脹與熱旋轉自行前進的，而且還舉辦了只有這種汽車能參加的夢幻競速比賽。這場比賽是於2017年4月進行，於法國的土魯斯舉辦。

圖 7-5-3 ● 由單分子打造的汽車（車輪為富勒烯）

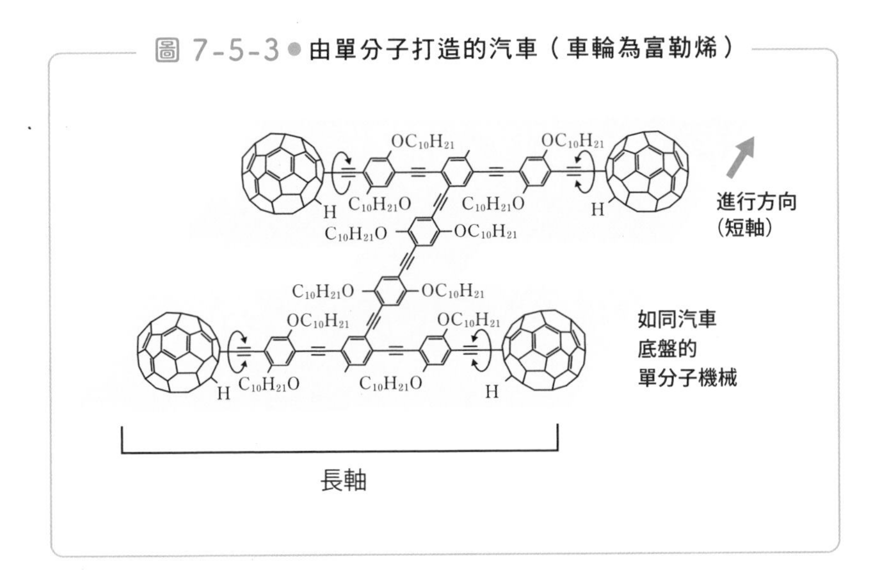

圖 7-5-4 ● 單分子汽車的移動軌跡

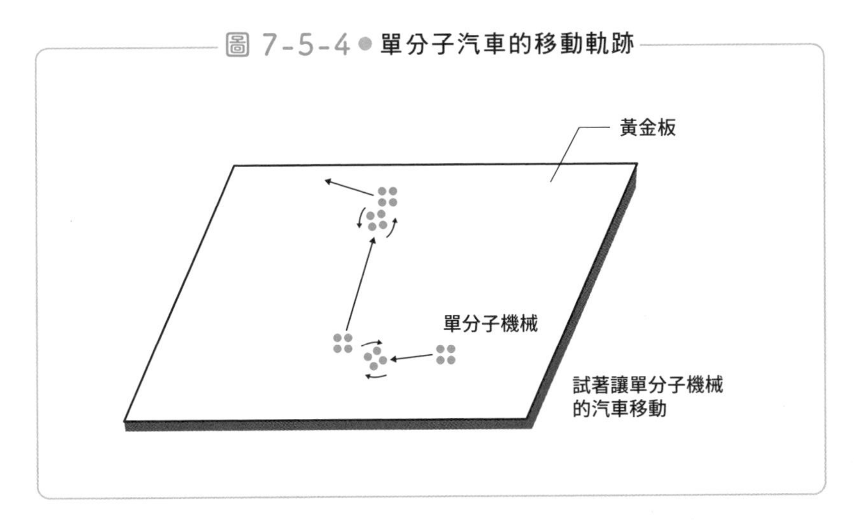

這場比賽總共有來自全世界的6台汽車參加，其中當然也包含了日本。競賽方式為在規定時間之內，哪台車前進的距離最長就贏了。第1名為美國與澳洲的聯隊，前進距離為1000nm（$=10^{-9}$m：奈米），第2名為瑞士的133nm，德國為11nm，前三名的差距非常明顯。日本與法國則因為一些緣故而中途棄權。這項競賽今後似乎會定期舉辦。

超分子的世界已然發展到如此地步。就現代化學而言，只要不是不穩定的分子，或是經過理論證明不存在的分子，什麼分子都可以合成。有時甚至會不禁懷疑，如此進步的化學真的是世界的福音嗎？

或許我們應該先停下腳步，仔細想想這個問題。

第8章

基因體開創的生物化學

「生命體」就是最後了嗎？

—— DNA的雙螺旋

我們將昆蟲、魚、動物稱為「生物（生命體）」，但面對「**到底什麼是生物**」這個基本的問題，我們竟然卻無從回答起。昆蟲、魚這類會自行移動的東西都是生物的一種。

不過，連不會自行移動的植物也被歸類為「生物」。那麼肉眼看不見的黴菌算不算是生物呢？

在討論黴菌是不是生物之前，到底黴菌是什麼東西呢？黴菌是會引起食物中毒或疾病的病原體，而病原體又是什麼呢？

討論到這個地步之後，會有種問題一直在繞圈圈，問不出所以然的感覺，但其實並非如此。病原體，也就是一般人口中的黴菌分成2種。其實黴菌的「菌」指的是菇類，所以就這層意思來看，黴菌應該算是生物。

不過，在多數人的認知之中，黴菌通常就是病原體，而此時的病原體就包含**細菌**（微生物）與**病毒**。

●生命體的條件

生命體到底是什麼？到底要符合哪些條件才算是生命體？——生物學已對此訂出簡單明瞭的條件。

這種條件總共有3個。

> 生命體到底是什麼？
>
> ❶能自行繁殖
>
> ❷能自行攝取營養
>
> ❸擁有細胞構造

人類、動物、植物與微生物都滿足上述3種條件，唯一有問題的是病毒。

病毒擁有DNA或RNA這類核酸，也會利用核酸繁殖，但主要是透過寄生在宿主身上的方式，掠奪宿主的營養，所以不符合上述的條件❷。

此外，病毒也沒有細胞膜，只有以蛋白質組成的衣殼（容器），而核酸就位於這個衣殼之中，所以也不符合上述的條件❸。因此，**病毒不能算是生物，只是單純的物體。**

●核酸到底是什麼？

核酸是遺傳的本質，被形容為記載了遺傳資訊的遺傳指令表。

・在白血球的內部發現「核酸」

發現核酸的是瑞士生物學家弗雷德里希・米歇爾（Friedrich Miescher，西元1844～1895年）。他從醫院收集了醫療廢棄物的繃帶，再從繃帶上面的血液收集白血球，藉此研究白血球的結構。

生物體的細胞有所謂的「核」，但在**各種血液細胞之中，只有白血球有核**，紅血球與血小板都沒有核。

這位生物學家在調查白血球之核的過程中，發現除了蛋白質之外，還有含有大量磷的某種物質存在，所以便將這種物質命名為核素（Nuclein）。這是在1869年發生的事情。當時他以為這個核素只有「儲藏磷」的功能，但這正是促進遺傳學發展的重大發現。

當遺傳學進一步發展之後，便從核素分離出核酸，終於得以釐清核酸的成分。

・解析DNA的結構

在發現核酸之後，美國生物學家奧斯瓦爾德・埃弗里（Oswald T. Avery，西元1877～1955年），發現肺炎鏈球菌分成致病性與非致病性2種。並且也發現非致病性的肺炎鏈球菌會突變為致病性的肺炎鏈球菌，所以便開始研究造成這種突變的病原體到底是什麼，也就是想找出遺傳物質的真面目。最終在1943年，發現這個遺傳物質並非蛋白質，而是藏在核素之中的核酸，也就是所謂的**DNA**。

之後有許多研究學者競相投入研究遺傳基因的本體，試著解開DNA的結構。最終發現，DNA是由4個符號「A、C、G、T」代表的4種鹼基所組成的高分子，而且這4種鹼基的順序是固定的。

後續也發現，DNA是由2條具有互補關係的DNA高分子鎖鏈組成，卻還無法得知這2條高分子鎖鏈的相關性。

最終在1953年，由美國的分子生物學家詹姆斯・華生（James Watson，西元1928～）以及英國的生物學家弗朗西斯・克里克（Francis Harry Compton Crick，西元1916～2004年）透過X光分析的手法，確定DNA的雙螺旋結構。

當時已經知道DNA為遺傳物質，各界卻對複雜的遺傳資訊是由單純物質的DNA來負責傳遞這點，有著諸多批評，而且也有許多人堅持「蛋白質才是遺傳物質」。

在之後的研究之中找到了**雙螺旋模型**，也就能正確地說明遺傳是透過複製DNA來進行，以及由鹼基序列負責傳遞遺傳資訊。此後，促進了分子生物學後續的發展，帶來決定性的影響。

到了1962年之後，華生、克里克以及莫里斯．威爾金斯（Maurice Hugh Frederick Wilkins，西元1916～2004年）便因為這項研究而獲頒諾貝爾生理醫學獎。

圖 8-1-1 ● DNA 的雙螺旋結構與 4 種鹼基（A、C、G、T）

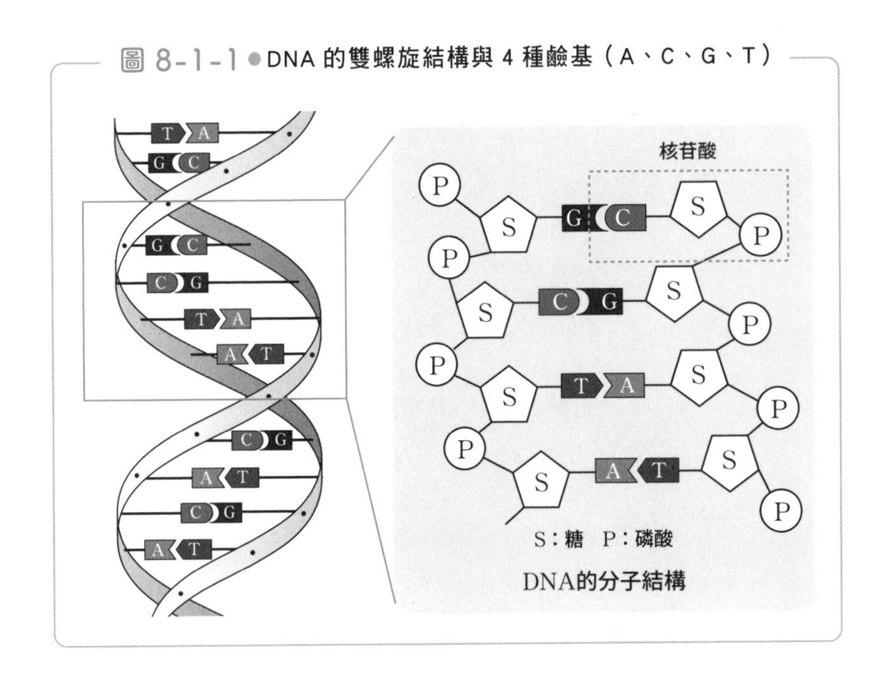

基因編輯與基因改造有什麼不同？

—— 嵌合體的誕生

當化學家發現，主掌遺傳的神祕物質「**DNA**」為高分子之後，便好奇改造DNA會產生什麼結果，興沖沖地一腳踏進這個屬於上帝的領域。

●基因改造

一般會將操作遺傳基因、DNA的技術稱為「基因工程」。這種基因工程有各種不同的種類，而會大幅改造基因的是名為「**基因改造**」的部分。

・自然界的交配與基因改造的極限？

顧名思義，基因改造就是讓A生物用B生物的基因改組與重造。具體來說，就是將A生物的DNA剪下一小段，然後接在B生物的DNA的過程。

在過去，這是以「交配」之名進行的技術，但這種交配有其極限。**於自然界發生的基因改造，也就是所謂的交配，無法發生在跨越物種的情況下**。比方說，狗與貓就無法生出後代。

不過，若使用基因改造技術，就能打破上述的極限。姑且先不論利用基因改造技術製造出的生物，能不能長到成體，但DNA不過就是一種高分子，將高分子接在其他的高分子也不是什麼太過困難的技術。

• 嵌合體是從病原體誕生？

嵌合體的英文是「Chimera」，而中文可翻譯成「奇美拉」。在希臘神話與北歐神話之中，常常出現蛇與人類或馬與人類雜交的合成獸，而這種合成獸就是「**嵌合體**」，但更常被稱作「奇美拉」。其實日本國內也有牛頭人身的牛頭明王，或是上半身是人類、下半身是魚的人魚傳說。

基因改造的確有創造出奇美拉這種合成獸的可能性。比方說，創造出看起來平凡無奇，卻擁有大自然至今為止未曾出現過的基因之生物。沒有人知道這種生物具有哪些特徵與特質，只有當這種生物誕生了才會知道。

假設這種生物具有毒性，而且繁殖的速度非常快，那恐怕會是非常厲害的病原體，而新型的傳染病也將就此誕生。

• 限制與監控

如果真的發生這種事情的話，恐怕會陷入難以挽救的局面，所以各國都對基因改造的應用與實驗設下限制，也透過許可制的方式管理與監控，避免有人逾越限制。

如今全世界都開放進行的基因改造，就是與農作物有關的部分。目前有許多科學家透過基因改造開發抗病、抗蟲、抗乾旱，而且收成更多、味道更好的農作物。

或是開發更強效的除草劑，再利用基因改造開發能對抗該除草劑的農作物。將「這種除草劑與能對抗這種除草劑的農作物的種子」一同出售，是非常有效的銷售策略。

日本尚未開放利用基因改造種植農作物，但允許8種以基因改造栽培的農作物進口。到目前為止，還沒傳出任何因為這些基因改造農產品而健康受損的消息。

●基因編輯與基因改造有什麼不同

基因組也可簡稱為基因，而**基因編輯**屬於基因工程之一，也就是編輯基因的意思。接下來要討論的是「編輯」與「改造」有哪些不同。簡單來說，基因編輯有「不使用其他生物的基因」這個條件，所以不可能製造出所謂的嵌合體。

具體來說，基因編輯的操作範圍包含重新排列基因的順序或是剪除某個基因。

目前已付諸實用的是改造鯛魚。鯛魚的DNA似乎有「限制肌肉量上限」的基因，所以將這個基因拿掉之後，就能養出渾身都是肌肉的鯛魚。

雖然肉量是增加了，但好不好吃就不一定。此外，如果將這種渾身是肌肉的鯛魚放到自然環境的海洋之中，會不會對其他的小型魚造成影響呢？如果不會發生大口黑鱸或藍鰓太陽魚那類的生態浩劫也就罷了，但這是在進行基因工程之際，永遠都會遇到的問題。

圖 8-2-1 ● 開發中的基因編輯食品

真鯛	鮪魚	稻子	馬鈴薯

將限制肌肉變多、變厚的基因破壞掉	將快速遊動的基因破壞掉	加強成更抗蟲、抗乾旱	將芽帶有毒性的基因破壞掉
➡ 變得更多肉	➡ 變得容易養殖	➡ 增加收成	➡ 讓毒性消失

免疫作用的剖析歷史

——抗原抗體反應

生物的身體非常複雜與精密。要是有病原體等外敵入侵身體，我們就會生病，但身體可不會放任這些外敵不管，而是會啟動擊退外敵、奪回掌控權的系統。這套系統就稱為**免疫**系統。**免疫系統是遍及全身的精密防禦系統**。

●現代的免疫學

接著就讓我們一窺現代對免疫系統的解析，已經進化至何種程度了吧。

・免疫活性細胞的主角為「白血球與腸道」

免疫系統是由「免疫活性細胞」這群特殊的細胞所建立，而這些細胞是存在於血液以及淋巴液之中。**眾所周知的白血球是免疫活性細胞的1種**。

在白血球之中，數量最多的就是顆粒性白血球（Granulocytes），約占所有白血球的60～70%，而大部分的顆粒性白血球都是嗜中性白血球（Neutrophil）。

嗜中性白血球在免疫細胞之中，屬於位階最低的種類，會不經思

圖 8-3-1 ● 負責免疫任務的白血球種類

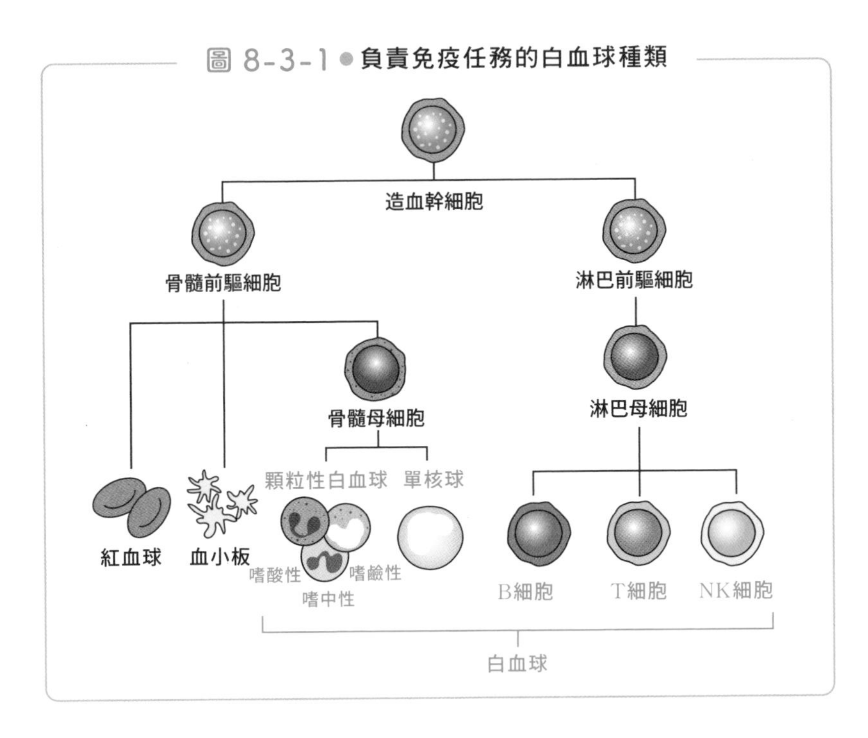

考就採取行動。所以不管抗原（外來的病原體）的種類是什麼，一律不判別抗原直接吞噬掉，所以又稱為吞噬細胞（Phagocyte）。

由於免疫系統有賴血液成分的運作，所以會隨著血液遍布身體的每個角落。

不過，也有臟器主要的功能是維持免疫系統，那就是腸道。大部分的病原體都是從嘴巴入侵，再透過腸道侵入身體，所以為了抵擋這些外敵，**60%以上的免疫活性細胞都位於腸道**。

• 抗原與抗體

從外部入侵身體，造成危害的外敵通常稱為**抗原**，而黏在抗原上的標記就是**抗體**，**根據抗體攻擊抗原的就是免疫活性細胞**。

當抗原入侵身體，免疫活性細胞就會分泌抗體，此時抗體會與抗原結合，而這種反應就稱為**抗原抗體反應**（Antigen－antibody reaction），此時產生的結合體就稱為「抗原抗體複合體」。

嗜中性白血球或巨噬細胞這類吞噬細胞，會辨識與吞噬這種複合體以排除外敵；而殺手T細胞這類免疫細胞也會將這類複合體視為攻擊的目標。

• B細胞的功能（體液性免疫）

B細胞的功能在於將抗體貼在抗原上。被貼上抗體標籤的抗原，會被吞噬細胞所吞噬。在這種免疫機制擔任主角的抗體，都存在於血漿等體液之中，所以這種免疫機制又稱為**體液性免疫**。B細胞在透過抗體與抗原結合之後，會轉變成漿細胞（Plasma cell），再大量生產相同的抗體。

雖然B細胞要轉變成漿細胞，以及產生特定抗體，需要7～10天的時間。但漿細胞不會因為疾病痊癒就消失，而是會在抗原消失殆盡之後，**漿細胞仍繼續留在體內**。

等到下次相同的抗原再度入侵身體，漿細胞就會立刻產生大量的抗體，攻擊抗原，這就是造成**過敏的原因**。嚴重的話，甚至會出現過敏性休克，因為這就好比是一大群軍隊對付1名入侵的小偷一樣，淪為戰場的身體是無法承受如此攻勢的。

• T細胞的功能（細胞免疫）

T細胞就是利用萊福槍狙擊抗原的狙擊手，就像是《骷髏13》（1部日本漫畫，以狙擊能力超群的殺手為主角）之中的主角「Golgo13」。T細胞其實分成很多種，其中最厲害的狠角色就是殺手T細胞。

殺手T細胞只要看到貼著標籤（抗體）的細胞，就會鑽進該細胞之中，破壞細胞與殺死細胞。而且不管這些細胞是病原體還是癌細胞，一律加以殲滅，所以殺手T細胞是非常厲害的細胞。由於這種免疫機制是由免疫活性細胞負責，所以又稱為**細胞免疫**。

●免疫學的歷史

就經驗法則來看，我們不會（或是不太會）重複染上曾經罹患過的疾病，就算是再次染上，症狀也會比較輕微。

・免疫系統到底是怎麼運作的呢？

十四世紀的時候，歐洲曾爆發所謂的黑死病，負責照顧病患的是修道士。在這些修道士之中，當然也有染上黑死病的病例，可是有些染上黑死病的修道士卻奇蹟式地痊癒了。而且這些康復後的修道士們，就算與其他的黑死病患者接觸，也不會再次染上黑死病。

同樣的事情也發生在天花這種傳染病上。前面也提過，愛德華・詹納（西元1749～1823年）於十八世紀末開發了接種牛痘的天花疫苗。

針對詹納開發出來的天花疫苗進行科學分析的是路易・巴斯德（Louis Pasteur，西元1822～1895年）。巴斯德分析出**接種毒性變弱的微生物就能得到免疫**的機制。

・剖析免疫機制的北里柴三郎與利根川進

1889年，北里柴三郎（西元1853～1931年）發現讓破傷風桿菌無毒化的「抗體」，建立了血清療法。他也發現人體之所以會在接種疫苗之後獲得免疫，背後真正的原因是因為血液之中的蛋白質出現了抗體。

此外，俄羅斯微生物學家梅契．尼可夫（Élie Metchnikoff，西元1845～1916年）認為免疫機制源自血液之中的吞噬細胞以及生物防禦。他後來也於1908年，憑著吞噬作用的研究，獲頒諾貝爾生理醫學獎。

B細胞的不可思議之處，在於能針對各種抗原量身打造抗體。據說B細胞可打造超過100億種抗體，不過這個「抗體多樣性之謎」在北里的時代尚未明朗。後來才由利根川進（西元1939年～）解開，利根川發現了「遺傳基因會變化」這個現象。

遺傳資訊是位於DNA之中，一輩子不會改變形態，所以就像是指紋一般，是每個人獨一無二的特徵。不過，利根川卻證明了「**只有**

圖 8-3-2 ● 免疫機制的運作過程

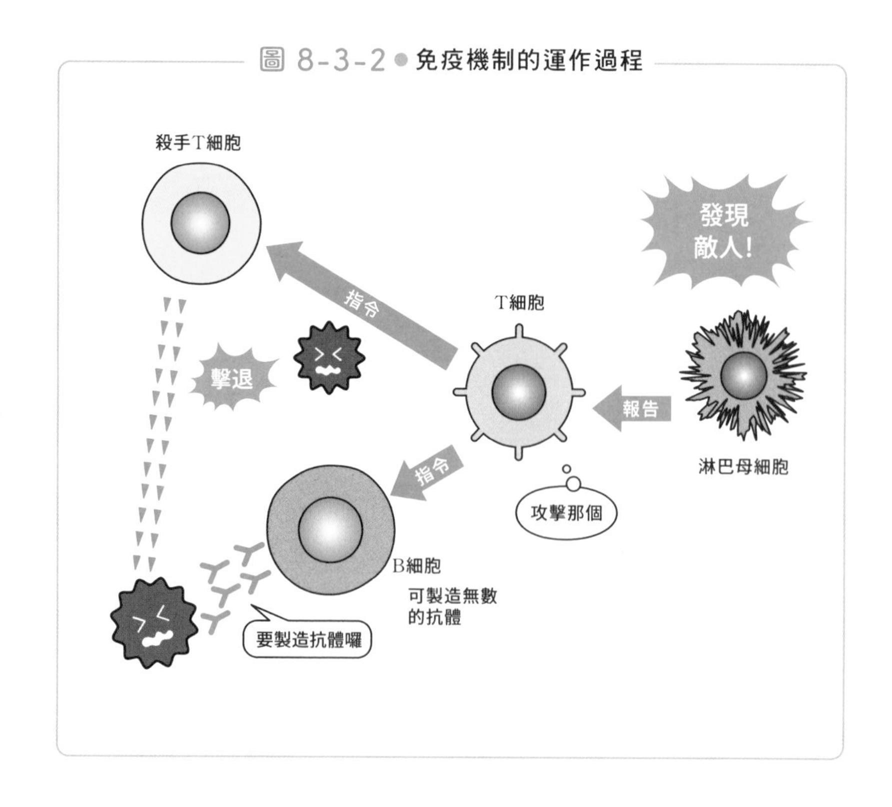

B細胞能自行改造自己的抗體基因，藉此針對無數種異物打造出無數種抗體」。

當利根川於1987年被通知獲頒諾貝爾生理醫學獎之後，他的前輩傳了1封賀電給他，直到現在，利根川都還記得這封賀電的內容。

「北里起的頭，由你收尾了」

從詹納種痘開始的免疫學如今已有了長足的進展，不僅僅是為了了解生命現象，更是可以保護人類，讓人類免受傳染病之苦的科學。

8-4 人類取得的新疫苗

—— mRNA疫苗

於2019年年底在中國武漢出現的新型冠狀病毒（Covid-19），轉眼之間擴散到全世界，WHO也於2020年3月將這種瘟疫定調為全球大流行（Pandemic）。

之後，新型冠狀病毒的氣焰未見任何消退，還在不斷變異的過程中，演化為α株、β株、γ株、omicron株這些感染力更強的形態。

在2022年2月17日之際，全球的感染人數為4億1800萬人，死者超過了585萬人。

●能對付病毒的藥物

老實說，能對付病毒的藥物非常少。對付細菌的抗生素也無法殺死非生物的病毒，這是因為病毒沒有細胞膜，這點在稍早的章節也已經說明過了。

因此，唯一的因應之道就是「透過疫苗預防」，但是要開發新疫苗，通常得耗費10年左右的時間。

不過就如大家知道的，新冠病毒的疫苗差不多是在病毒出現之後的1年半內就開發成功，算是前所未有的快速進展。而且還能大量生產，全世界的人們也得以接種疫苗。

如此神速的開發過程該如何解釋呢？其實箇中祕密就是名為「**mRNA疫苗**」的疫苗，是前所未有的新型疫苗。這有可能代表了人類與病原體抗爭的新篇章。

●RNA到底是什麼呢？

核酸分成DNA與RNA兩種，DNA是母細胞傳遞的遺傳資訊，而DNA的子細胞接受遺傳資訊後，根據DNA自行製造的核酸就是RNA。

雖然DNA是遺傳資訊，但實際用於遺傳的基因只占整體的5%左右，其餘的95%都會被稱為垃圾DNA。RNA就是自行縫補這5%基因的核酸。

子細胞開始活動後，若打算自行合成獨特的蛋白質，此時負責合成的則是RNA而不是DNA了。RNA的種類有很多，其中最為人所知的就是信使RNA（mRNA）與轉移RNA（tRNA）。

mRNA是負責縫綴基因的核酸，擁有DNA的關鍵部分，所以**mRNA其實就是蛋白質的設計圖**。

相對的，tRNA則是根據mRNA的指示運送胺基酸，將製造蛋白質所需的特定胺基酸，搬到製造蛋白質的工廠（位於細胞之內），也就是負責搬運的角色。

●那麼，什麼是mRNA疫苗？

mRNA疫苗就是利用mRNA誘發免疫反應的疫苗。

一般的疫苗，製作時都是利用讓病原體變弱的**減毒疫苗**（Attenuated vaccine）或減毒疫苗的殘骸（**不活化疫苗**，Inactivated vaccine），抑或病原體分泌的毒素（類毒素疫苗，Toxoid vaccine）。

反觀mRNA疫苗則是以化學合成的mRNA分子。

當mRNA疫苗進入人體，疫苗的mRNA就會與細胞產生作用，進而讓細胞產生原本該由抗原，也就是新冠病毒產生的蛋白質。簡單來說，**就是mRNA讓細胞自行製造抗原**。

不管是由哪方製造的，抗原就是抗原，所以身體的免疫系統會製造抵抗這種抗原的抗體，讓免疫系統變得更完善。而這就是mRNA疫苗的功能。

mRNA疫苗的優點與缺點

mRNA疫苗的優點在於可利用化學合成的方式製造。

換言之，不是透過發酵這種向微生物借力的過程製造，而是能以百分之百的人工合成方式製造，因此人類可完全掌控設計與生產方式。如此一來，就具有下列這些優點。

①可提升生產速度，減少生產成本

②可同時誘發細胞免疫與體液性免疫

不過另一方面，mRNA也有缺點。那就是mRNA分子很脆弱，只能在極低溫的環境下保存與運輸。

mRNA疫苗的誕生可說是疫苗的勝利嗎？自詹納以來，擁有近200年歷史的疫苗可說是迎來了全新的改變。

二十一世紀的疫苗將以這次的疫苗作戰為先例，繼續地發展下去。人類也得到另一種能有效對抗病魔的手段。

臨深履薄的軍事用途與生命倫理

── 人工生命

一直以來，「只有神能創造生命，人類不可逾越」是所有人長期默認的共識。

但真的是這樣嗎？生命真的是如此高不可及的事物嗎？要打造科學怪人般的人造人（能自行移動與思考的人類），當然是件很不容易的事。

不過，前面提過的定義何為生物的3個條件。

①能以核酸繁殖

②能自行攝取營養

③具有細胞結構

如果只是要製造出符合上述3個條件的東西，其實並不困難。

人工生命的方向有2種，一種是人工細胞，另一種是人工DNA。

其實可將DNA視為生命。如果將貓的胚胎細胞的DNA換成狗的胚胎細胞的DNA，到底會長出什麼生物呢？

●人工細胞的設計

由於細胞膜是超分子（參考第7章），所以只要有兩親分子，也就是磷脂就能自行結合成膜。由於DNA與RNA都只是高分子，所以只要具備「A、C、G、T」這4個單位分子，就能創造出任何需要的核酸。

真正的問題在於自行攝取營養這個條件，因為這必須建構整個代謝系統，因此必須要有相當數量的酵素群，這都是難以達成的條件。所以這部分要從現有的活體借用，換言之，只要有能夠寄生的生物，這部分就不會是太大的問題。

或許真正的問題不在於倫理，而是這種人造生命若是有毒性，而且還會繁殖的話，就有可能造成危害。

●在超分子奈米機器人眼中的人工細胞

人工細胞可從人工生命的觀點分析，也可單純地從超分子的觀點分析。假設從超分子的觀點來看，人工細胞不過是超分子奈米機器人。目前正在進行的研究，是讓超分子奈米機器人從外部獲得能量，再從周遭環境取得自身的構成要素以及自行分裂。

或許在不久的未來，會出現利用「奈米機器人」這項技術打造的人工單細胞生物，會像前述所介紹的單分子汽車擁有特定的功能，期待可以用於醫療領域大展拳腳。

此外，這類技術也能於環保領域應用，例如開發可分解特定物質、消除毒性的人工微生物，也有可能生產具有特定分子結構的產品（燃料使用的酒精、醫藥品或是其他產品）。

●已製作出各種人工DNA

2003年，將人工DNA放在蛋白質膠囊的「人工病毒」順利合成。但正確來說，病毒不算是生命體，所以「人工病毒」不能算是人工生命體的誕生。

這項研究是美國替代生物能源研究所以1200萬美元的預算，從2002年開始進行的1個研究的其中一部分。據說這個病毒有5386個鹼基對，此項研究主要的目的是希望這個病毒能合成出如同替代能源的分子。

2010年，美國的克萊格・凡特博士(J. Craig Venter，西元1946年～)，在酵母中幾近完美地合成出，足以代表黴漿菌基因的DNA。

將這種合成DNA移植到去除原有DNA的近親種細菌的細胞之後，成功地製造了能自行繁殖的人工細菌。

研究學者主張以這種手法製造的人工細菌，在分裂之前雖然得仰賴天然細菌的細胞，但在第2次的細胞分裂之後的細菌，就是人工合成的生物。

2016年，克萊格・凡特博士發表了世界首例的人工生命。這個新誕生的生命體，擁有由生存所需的473個基因所組成的DNA。由於這個生命體只由生存所需的最少（Minimum）的基因組成，所以被命名為「**最小細胞**」（Minimal cell）。

●人工生命的問題

新型生命會衍生出許多社會與倫理的課題。

其中之一的課題就是使用於軍事用途。合成生物的各種用途非常廣泛，選項之一為和平的用途，例如可以用來製造產量較高的農作物或是疫苗；但是當這項技術被應用於軍事方面，恐怕將造成難以估量的威脅。

另一個棘手的問題是生命倫理。目前人工生命的技術只用來合成微生物，但要是想要合成超出微生物的基因，比方說人類基因，並不是不可能。

人工生命的問題若只交由研究學者的技術或個人的判斷解決，恐怕會衍生出難以想像的危險。

索引

英文、數字

ㄅ、ㄆ、ㄇ、ㄈ

ㄉ、ㄊ、ㄋ、ㄌ

ㄍ、ㄎ、ㄏ

著者簡介

齋藤勝裕（Saito Katsuhiro）

生於1945年5月3日。1974年修畢日本東北大學大學院理學研究科博士課程，目前是名古屋工業大學榮譽教授以及理學博士。專門領域為有機化學、物理化學、光化學、超分子化學。主要日文著書有《絕對看得懂的化學系列》（講談社，全18冊）、《看得懂的化學系列》（東京化学同人，全16冊）、《看得懂×看懂了！化學系列》（オーム社，全14冊）、《透過漫畫學有機化學》、《毒物科學》（2本皆由SB Creative出版）、《要了解「發酵」就看這一本》、《「物理、化學」的單位與符號百科全書》（2本皆由Beret出版）等（書名暫譯）。繁體中文版的著作有《科學料理》（世茂）、《食品的科學》（晨星）、《圖解量子化學》（台灣東販）等等。

由化學建構的世界

煉金術、工業革命到基因工程，文明演化的每一步都是化學！

2023年1月1日初版第一刷發行

著　　者　齋藤 勝裕
譯　　者　許郁文
編　　輯　吳欣怡
發 行 人　若森稔雄
發 行 所　台灣東販股份有限公司
<地址>台北市南京東路4段130號2F-1
<電話>(02) 2577-8878
<傳真>(02) 2577-8896
<網址>http://www.tohan.com.tw
郵撥帳號　1405049-4
法律顧問　蕭雄淋律師
總 經 銷　聯合發行股份有限公司
<電話>(02) 2917-8022

著作權所有，禁止翻印轉載。
購買本書者，如遇缺頁或裝訂錯誤，
請寄回更換（海外地區除外）。
Printed in Taiwan

國家圖書館出版品預行編目資料

由化學建構的世界：煉金術、工業革命到基因工程,文明演化的每一步都是化學!/齋藤勝裕著；許郁文譯. -- 初版. -- 臺北市：臺灣東販股份有限公司, 2023.01
216面；　14.7×21公分
譯自：「化学の歴史」が一冊でまるごとわかる
ISBN 978-626-329-625-1(平裝)

1.CST: 化學 2.CST: 歷史 3.CST: 通俗作品

340.9　　111018985

KAGAKU NO REKISHI GA ISSATSU DE MARUGOTO WAKARU
© KATSUHIRO SAITO 2022
Originally published in Japan in 2022 by BERET PUBLISHING CO., LTD., TOKYO.
Traditional Chinese translation rights arranged with BERET PUBLISHING CO., LTD., TOKYO, through TOHAN CORPORATION, TOKYO.